U0159200

低维半导体材料光解水制氢性能

鞠 林 著

科学技术文献出版社
SCIENTIFIC AND TECHNICAL DOCUMENTATION PRESS

·北京·

图书在版编目（CIP）数据

低维半导体材料光解水制氢性能 / 鞠林著. —北京：科学技术文献出版社，2022.5

ISBN 978-7-5189-9166-2

Ⅰ.①低…　Ⅱ.①鞠…　Ⅲ.①半导体材料—光催化—制氢—研究　Ⅳ.① TE624.4

中国版本图书馆 CIP 数据核字（2022）第 079472 号

低维半导体材料光解水制氢性能

策划编辑：张　丹　　责任编辑：孙江莉　　责任校对：张永霞　　责任出版：张志平

出　版　者	科学技术文献出版社	
地　　　址	北京市复兴路15号　邮编　100038	
编　务　部	（010）58882938，58882087（传真）	
发　行　部	（010）58882868，58882870（传真）	
邮　购　部	（010）58882873	
官 方 网 址	www.stdp.com.cn	
发　行　者	科学技术文献出版社发行　全国各地新华书店经销	
印　刷　者	北京虎彩文化传播有限公司	
版　　　次	2022 年 5 月第 1 版　2022 年 5 月第 1 次印刷	
开　　　本	710×1000　1/16	
字　　　数	228千	
印　　　张	14	
书　　　号	ISBN 978-7-5189-9166-2	
定　　　价	58.00元	

前　言

近年来,伴随着工业快速发展和人口急剧膨胀,能源短缺和环境污染越发严重。面对这种严峻的形势,开发利用以太阳能为代表的清洁新能源已迫在眉睫。目前,通过半导体光催化分解水反应实现太阳能向清洁能源氢能的转化,被普遍认为是解决能源危机和环境危机的有效途径。光辐射在半导体上,当辐射的能量大于或相当于半导体的禁带宽度时,半导体内电子受激发从价带跃迁到导带,而空穴则留在价带,产生光生电子-空穴对。在半导体内部经过复合之后,部分光生电子和光生空穴可以到达半导体的表面,再经历一次复合之后,在表面的不同区域,剩余的光生电子将水还原成氢气,剩余的光生空穴将水氧化成氧气。

自 1972 年"本多-藤岛效应"被发现以来,在过去的接近 50 年中,人们在实验和理论上对可作为分解水光催化剂的三维半导体材料进行了广泛的研究。目前,传统的三维光催化材料存在着诸如可见光利用率低、光生载流子复合率高、在光催化分解水反应中稳定性差等问题,使其不能满足工业生产的要求。近年来,由于具有更整洁、可控的表面,更大的比表面积,更多的活性位点和更短的载流子迁移距离等优点,低维(一维或者二维)半导体材料成为光催化领域里的热点材料。与此同时,如何对低维光催化材料的电子和光学性质进行调控,以提高光催化效率也成为研究热点。鉴于在实验中表征电极-电解质界面的困难,理论模拟计算已成为深入了解反应中间产物、反应机制和最终产物的重要工具。

笔者一直从事低维半导体催化性能的理论研究,在设计高性能低维光电催化材料以及对其催化性能调控等方面取得了一系列的研究成果,在 *Nat. Commun.*、*J. Am. Chem. Soc.*、*ACS Appl. Mater. Interfaces*、*J. Mater. Chem. A* 等国际著名学术期刊上以第一作者发表 SCI 收录论文 22 篇,主持国家级项目 2 项[国家自然科学基金青年项目(11804006),二维 Janus 结构过渡金属硫族化合物光催化分解水性能调控的理论研究;国家自然科学基金理论物理专项(11547176),钙钛矿钛酸铋钠(100)表面空位诱发 d^0 磁性受吸附氧影响的理论研究],省部级项目 1 项,地厅级项目 3 项。本书主要介绍以上这些在低维半导体材料光催化性能方面的理论模拟研究成果和前沿概述。笔者主要利用第一性原理中的密度泛函理论,系统地研究了该类材料的激子束缚能、带隙、带边电位、光学吸收谱、载流子迁移率等与光解水直接相关的性质,并通过施加应力、金属原子修饰、构建异质结等方式对其电子结构和光学性质进行调控,以改善其光催化性能。在本书撰写过程中,笔者参考了部分学术专著、科研论文以及网络资料,每一章后面都列出了参考文献。在此,笔者谨向原著者和相关出版社表示衷心感谢。在全书撰写过程中,得到了戴瑛、寇良志、马衍东、魏巍、马东伟等老师直接或者间接的支持,和李小习、刘博典、高雅洁、乔小娅等同学的热心帮助,本书出版还得到安阳师范学院的资助,以及科学技术文献出版社张丹编辑的鼓励和帮助,笔者在此表示衷心的感谢!鉴于笔者科研水平有限,书中可能存在一些纰漏,希望读者多包涵,以批评的眼光多提意见,以帮助笔者再版的时候加以修正。

本书第三章至第十一章的每一章都是一个独立的工作,读者可以根据自己的兴趣直接阅读相应章节,不必拘泥于书中的顺序。另外,材料模拟计算发展如今已是一日千里,希望本书能起到抛砖引玉的作用,为该领域的初学者启蒙。

鞠林

2022 年 2 月 4 日于安阳

目　录

第一章　绪　论··1

1.1　半导体光催化分解水制氢···1

1.2　二维半导体材料光催化剂···2

　　1.2.1　二维半导体材料光催化剂现状·······························2

　　1.2.2　调控光催化性能的途径·····································4

1.3　模拟计算在光解水催化剂设计中的应用·····························7

参考文献···8

第二章　材料的第一性原理物性计算···································13

2.1　密度泛函理论基本原理··13

　　2.1.1　密度泛函理论···13

　　2.1.2　交换相关能量泛函···15

　　2.1.3　VASP 软件简介··16

2.2　物性计算···17

　　2.2.1　激子结合能和电偶极矩·····································17

　　2.2.2　带边电位···17

　　2.2.3　载流子迁移率···18

　　2.2.4　空位形成能···18

　　2.2.5　掺杂形成能···19

　　2.2.6　异质结形成能和成键能·····································19

　　2.2.7　太阳能转化成氢能效率·····································19

　　2.2.8　自由能差···20

参考文献···22

第三章　金原子吸附的氧化石墨烯光催化性能的理论研究···············25

　　概述···25

3.1　研究背景···25

3.2 研究方法 ………………………………………………… 27

3.3 研究结果与讨论 ………………………………………… 27

3.4 结论 ……………………………………………………… 35

参考文献 …………………………………………………… 35

第四章 硫化镉纳米管光催化性能的理论研究 …………… 41

概述 ………………………………………………………… 41

4.1 研究背景 ………………………………………………… 41

4.2 研究方法 ………………………………………………… 42

4.3 研究结果与讨论 ………………………………………… 43

4.3.1 六角形平面 CdS 单层 ……………………………… 43

4.3.2 CdS 纳米管 ………………………………………… 45

4.3.3 CdS 纳米管–平面异质结 ………………………… 52

4.4 结论 ……………………………………………………… 55

参考文献 …………………………………………………… 55

第五章 一维蓝磷纳米管光催化性能的理论研究 …………… 60

概述 ………………………………………………………… 60

5.1 研究背景 ………………………………………………… 60

5.2 研究方法 ………………………………………………… 62

5.3 研究结果与讨论 ………………………………………… 63

5.3.1 二维六角 BP 单层 ………………………………… 63

5.3.2 蓝磷纳米管 ………………………………………… 66

5.4 结论 ……………………………………………………… 75

参考文献 …………………………………………………… 76

第六章 二维异质结 GeS/WS$_2$ 作为"Z"型光催化材料的理论研究 ……… 82

概述 ………………………………………………………… 82

6.1 研究背景 ………………………………………………… 82

6.2 研究方法 ………………………………………………… 85

6.3 研究结果与讨论 ………………………………………… 86

6.3.1 GeS/WX$_2$(X＝O,S,Se,Te)vdW 异质结的
电子结构 ……………………………………… 86

6.3.2 孤立的 GeS 和 WS$_2$ 单层的结构和电子特性 ……… 87

6.3.3　GeS/WS$_2$ 异质结的结构和电子特性 ············· 89

6.3.4　GeS/WS$_2$ 异质结的光催化分解水活性 ········· 92

6.3.5　GeS/WS$_2$ 异质结的催化稳定性 ················ 95

6.4　结论 ·············· 97

参考文献 ·············· 97

第七章　g-C$_3$N$_4$/MoS$_2$ 分解水光催化剂中用于界面电荷转移的
金属高速通道 ·············· 107

概述 ·············· 107

7.1　研究背景 ·············· 107

7.2　研究方法 ·············· 109

7.3　研究结果与讨论 ·············· 110

7.3.1　孤立的 MoS$_2$ 和 g-C$_3$N$_4$ 单层 ·············· 110

7.3.2　g-C$_3$N$_4$/MoS$_2$ 范德华异质结 ·············· 112

7.3.3　由合适的金属构建的界面高速电荷传输通道 ·········· 116

7.4　结论 ·············· 122

参考文献 ·············· 122

第八章　Janus WSSe 单层：一种优良的全解水光催化剂 ·········· 128

概述 ·············· 128

8.1　研究背景 ·············· 128

8.2　计算方法 ·············· 129

8.3　研究结果与讨论 ·············· 130

8.3.1　WSSe 单层的几何结构和电子结构 ·············· 130

8.3.2　Janus WSSe 单层的光催化性能 ·············· 132

8.3.3　水分解的表面氧化还原反应 ·············· 136

8.4　结论 ·············· 144

参考文献 ·············· 144

第九章　单组分 Janus 过渡金属二硫族化物基光催化分解水催化剂 ····· 150

概述 ·············· 150

9.1　绪论 ·············· 150

9.2　Janus TMDCs 的实验性合成 ·············· 152

9.3　水分子的吸附 ·············· 153

9.4　太阳光的利用 ……………………………………………… 155

9.5　电荷分离和传输 …………………………………………… 158

9.6　表面化学催化反应 ………………………………………… 160

9.7　结论和展望 ………………………………………………… 161

参考文献 …………………………………………………………… 162

第十章　二维 Janus vdW 异质结材料光解水催化剂 …… 168

概述 ………………………………………………………………… 168

10.1　绪论 ………………………………………………………… 168

10.2　Janus 异质结材料的合成和结构稳定性 ………………… 170

10.3　Janus 异质结材料的基本属性 …………………………… 171

10.3.1　电子结构 ……………………………………… 171

10.3.2　光学特性 ……………………………………… 174

10.4　Janus 异质结材料在光催化全解水领域的应用 ………… 176

10.5　结论和展望 ………………………………………………… 177

参考文献 …………………………………………………………… 180

第十一章　二维铁电材料 $AgBiP_2Se_6$ 单层光解水催化性质的探索 …… 192

概述 ………………………………………………………………… 192

11.1　研究背景 …………………………………………………… 192

11.2　计算方法 …………………………………………………… 194

11.3　研究结果与讨论 …………………………………………… 194

11.3.1　几何结构、电子结构和光吸收 ……………… 194

11.3.2　能带排列 ……………………………………… 199

11.3.3　能量转换效率 ………………………………… 201

11.3.4　水分子吸附 …………………………………… 202

11.3.5　氧化还原机理 ………………………………… 204

11.4　结论 ………………………………………………………… 208

参考文献 …………………………………………………………… 209

附录　符号表 ……………………………………………………… 216

第一章 绪 论

1.1 半导体光催化分解水制氢

随着现代工业的快速发展,人们对能源的需求越来越大,而化石能源枯竭却日趋严重,因此,开发新能源已迫在眉睫。氢气作为一种理想的能量载体,具有燃烧值高、燃烧产物无污染等优点,一直备受人们的关注[1]。随着燃料电池的不断开发和广泛应用,氢气即将成为人们梦寐以求的绿色能源,其应用前景不可小觑。但是,氢气是二次能源,目前主要通过重整天然气、电解水等方式制取,存在耗能大,产率低等问题。如何有效地解决成本问题已成为氢能能否被大规模应用的关键。

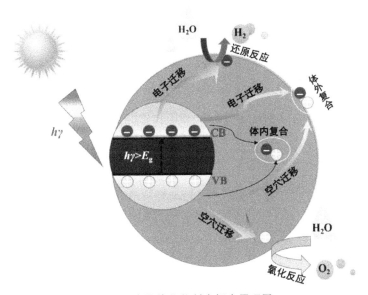

图 1.1 半导体催化剂光解水原理图

自 1972 年,"本多-藤岛效应"被发现以来[2],利用半导体光催化分解水制氢被普遍认为是解决这一关键问题的有效途径。如图 1.1 所示,半导体光解水制氢过程可分为三步:(1)半导体受光激发。半导体吸收能量等于或大于自身带隙的光子,价带中的电子被激发到导带中,从而出现光生电子(e^-)-空穴(h^+)对(光生载流子)。(2)光生载流子的复合与迁移。由于热振动,大部分光生载流子会快速的复合消失,只有少部分的光生载流子会由体相迁移到表面。(3)表面氧化还原反应。到达表面的光生载流子仍有一部分会在表面发生复合,另一部分则被半导体表面吸附的水分子捕获,从而引发水的分解反应[$2H^+ + 2e^- \longrightarrow H_2$(还原反应),$2H_2O + 4h^+ \longrightarrow 4H^+ + O_2$(氧化反应)]。以上过程表明,完全光解水需要半导体催化剂同时满足反应的热力学(光生载流子能氧化和还原水)和动力学(光生载流子能有效分离)要求,且光学带隙应当尽量小,以便具有高效的光利用率。目前,传统的三维(3D)半导体光催化剂,如氧化物[3,4]、氮氧化物[5,6]和硫氧化物[7]等,由于光学带隙太大,主要的光吸收范围在紫外线波段(这部分能量仅占太阳光总能量的 7%)。尽管有一些半导体光催化剂在可见光下是活跃的,但是它们的光稳定能很差,而且由于载流子迁移率太低,导致了光生电子-空穴对复合严重,这些都导致了吸收光的利用率很低[8]。此外,传统的三维光催化剂的比表面积通常较低,导致表面活性位点较少,从而使表面水的氧化还原反应较弱,不能满足工业生产的要求。

1.2　二维半导体材料光催化剂

1.2.1　二维半导体材料光催化剂现状

相比之下,许多二维(Two dimensional,2D)半导体材料已经被证明或者预测可以实现本征可见光吸收,而且他们的带隙和带边可以通过施加电场、机械应力等方式[9-11]进行有效调控。此外,他们的载流子迁移率比传统的三维光催化剂要高得多,从而保证较低的载流子复合率[10]。另外,二维材料的比表面积在理论上是无限大的,可以提供尽量多的表面活性区。因此,二维半导体材料在设计理想全解水光催化剂方面,可以发挥重要的作用。在过去的十年里,已经有许多二维单层半导体材料因其潜在的光催化应用价值,而被人们进行了广泛的研究[10,12,13]。尤其是石墨相氮化碳(g-C_3N_4)作为一种典型的二维光解水催化剂已经引发了此领域的研究热潮[14]。但是,由于 g-C₃N₄ 是聚合物,具有比表面积小、产生的光生载流子的激子结合能高且复合严重等问题[15-18],而且 g-C₃N₄ 需要在牺牲剂(如三乙醇胺或硝酸银)存在的情况下,才可以光催化分解水[19]。以上这些缺点都不利于其在光解水制氢中的应用。为了进一步促进二维光催化剂的发展,仍然需要探索和设计新的二维半导体材料。

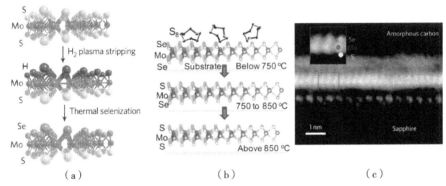

图 1.2 (a)和(b)分别为两种制备单层 Janus 结构 MoSSe 单晶样品的流程图;
(c)为单层 Janus 结构 MoSSe 单晶样品的暗场透射扫描电镜图

2017 年,美国加州大学的 Zhang 等[20]和莱斯大学的 Lou 等[21],分别用不同的方法制备了具有空间对称破缺的单层 Janus 结构 MoSSe 单晶样品(图1.2)。在具备二维材料的优点以外,Janus 结构的 MoSSe 单晶体还具有一个垂直于单层平面的固有电偶极矩(0.78 eV)[22]。根据中国科学技术大学杨金龙教授提出的光催化分解水反应机理[23],该固有电偶极矩有助于光催化剂突破全解水所需带隙的限制(水的氧化还原电势差,1.23 eV),有望实现利用红外光制氢,将极大地提高太阳能利用效率。另外,该固有电偶极矩也有助于表面吸附水分子和光生电子与空穴的空间分离。鉴于以上作为光解水催化剂的独特优势,研究以 MoSSe 单晶体为代表的 Janus 结构过渡金属硫族化合物的光催化性质是非常有意义的。然而,由于该材料刚合成不久,光催化分解水这方面的研究还十分匮乏,并且大多局限在 MoSSe 这一种材料,对于其他被预言可以稳定存在的 Janus 结构过渡金属硫族化合物(如 WSSe[24],MoSTe[25]等)缺乏系统的研究。另外,目前针对 MoSSe 的理论研究,往往受计算资源的限制,在计算过程中忽略了激子束缚能,但是由于二维材料中存在弱的屏蔽作用,激子效应对于这些单层材料电子性质的影响是比较大的[26],因此这方面的理论工作仍然需要在计算方法上有所改善,才能做到与实验相辅相成。

1.2.2 调控光催化性能的途径

除了开发新的半导体催化剂,改善半导体光催化剂的可见光响应范围、提高半导体光催化剂中光生载流子的有效分离和传输也是光催化研究领域的热点[27]。经过几十年的不断努力,目前已经发展出几种比较行之有效的方法,如施加晶格应力、引入表面空位及元素掺杂等。

施加应力

由于半导体中微小的晶体结构变化就能引起电子结构的显著改变,因此在晶体结构中施加晶格应力可以有效地修饰材料的电子结构,从而影响其光催化表现。二维半导体材料因其特殊的晶体结构,很容易受外在因素的影响而产生晶格应力。Wang 教授课题组通过高温加热的方法成功地在 $g-C_3N_4$ 晶体中引入晶格应力,使其结构发生扭曲,能显著增强 $g-C_3N_4$ 的光吸收,并大幅提升其光催化产氢的活性。第一性原理计算显示,施加晶格应力之后,$g-C_3N_4$ 由间接带隙半导体转变为直接带隙半导体。这一转变有利于光学跃迁和增加光吸收效率[28]。Wang 等利用 F 原子掺杂和热剥离的方法在超薄 $g-C_3N_4$ 纳米片中引入晶格应力,使其光催化产氢活性大幅度提高——太阳光照射下,产氢速率可达 $12.2\ mmol \cdot h^{-1} \cdot g^{-1}$,是对照组 $g-C_3N_4$ 纳米片活性的 8.6 倍。由理论计算得知,晶格应力的引入能导致单层 $g-C_3N_4$ 能带中电子态出现局域化,可以有效抑制光生电子-空穴对的快速复合,从而促进其光催化性能的提升[29]。

引入空位

在催化剂表面引入空位能有效调整光催化材料的电子结构,实现能带结构、光吸收以及光生电荷分离与迁移效率的协同优化,获得高效的光催化性能。Bi 等通过水热还原法成功地在超薄 $K_4Nb_6O_{17}$ 纳米片表面引入氧空位,使超薄 $K_4Nb_6O_{17}$ 纳米片的带隙宽度降低了 0.2 eV,显示出增强的光吸收;另一方面,氧空位还能捕获光生电子,有利于提高光生电子与空穴的分离效率。因此,表面富含氧空位的超薄 $K_4Nb_6O_{17}$ 纳米片展示出明显提高的光催化性能[30]。Sun 等通过第一性原理计算发现,氧空位的存在可以在超薄 In_2O_3 纳米片的带隙中引入新的缺陷能级,这一变化使得电子在光照条件下更容易被激发到导带,有助于提高材料的光电转换效率。从价带顶(VBM)所对应的空间电荷密度图可以看出,富含氧空位缺陷的超薄 In_2O_3 纳米片中绝大部分的电荷密度都分布在材料的表面,这种电荷分布有利于光生载流子更快地到达催化剂表面,在很大程度上抑制光生电子与空穴的复合[31]。Gao 等利用热合成法成功获得了表面富含钒空位的超薄 $BiVO_4$ 纳米片。由紫外-可见吸收光谱和光电压谱可知,钒空位的引入不仅能增强超薄 $BiVO_4$ 纳米片的光吸收,还能提高光生载流子的分离效率,从而使得表面富含钒空位的超薄 $BiVO_4$ 纳米片展现出更加优异的光催化性能[32]。

元素掺杂

掺杂原子的引入能修饰半导体材料的电子能带结构,从而在很大程度上影响材料的光吸收、氧化还原电位以及光生电荷的分离与转移等,为增强材料的光催化活性提供了可行途径。

(a)掺杂原子的引入能有效减小半导体的带隙宽度,拓宽材料的光响应范围。Zhang 教授课题组利用光诱导法合成了 Nb^{4+} 自掺杂的 $K_4Nb_6O_{17}$ 超薄纳米片,从紫外-可见吸收光谱可以看出,Nb^{4+} 自掺杂使样品的吸收边从 350 nm 红移到 445 nm,显著地增强了材料在 $400\sim800$ nm 的光吸收。正因如此,掺杂的 Nb^{4+} 离子使超薄 $K_4Nb_6O_{17}$ 纳米片的光催化产氢速率由 $110\mu mol \cdot h^{-1}$ 提高到 $248\mu mol \cdot h^{-1}$[33]。Guo 等通过水热法成功地合成了铜掺杂的 $ZnIn_2S_4$ 纳米片。紫外-可见吸收光谱显示,铜元素的掺杂可以有效增加 $ZnIn_2S_4$ 纳米片在可见光区的吸收。由第一性原理计算可知,铜离子掺杂可以在 $ZnIn_2S_4$ 禁带内引入施主能级,且随着铜离子数量的增加,引入的 t_2(Cu 3d)能级逐渐升高并远离价带,从而表现出增强的可见光吸收。光催化测试表明,铜掺杂能明显提高 $ZnIn_2S_4$ 纳米片的光催化活性,其产氢速率大约为未掺杂样品的 6 倍[34]。

(b)除了改善半导体光催化剂的光吸收之外,掺杂原子的引入还能增加光催化材料中活性位点的数量并优化材料的表面态,为改善半导体自身相对迟缓的催化动力学提供有力保障。Ida 等利用选择性刻蚀辅助剥离法合成了 Rh 掺杂的超薄 $Ti_{1.82-x}Rh_xO_4$ 纳米片。Rh 原子的引入将超薄纳米片的光催化产氢活性提高了大约一个数量级。由反应动力学的模拟计算得知,单原子 Rh 的掺杂能有效降低水的解离能,促进光催化反应中氢气的产生[35]。

(c)此外,元素掺杂还能提高材料的导电性,加快光生载流子的迁移速率,从而获得高效的光催化性能。张袁健等发现磷原子掺杂使得 g-C_3N_4 的导电性增强了 4 个数量级[36]。与此同时,Shi 等通过光催化产氢测试证实,磷原子的引入使得 g-C$_3$N$_4$ 超薄纳米片的活性提高了 2.9 倍[37]。

构筑异质结

近年来,大量的研究表明,设计异质结构的复合型材料也是获得具有高效光催化性能体系的有效途径[38]。异质结不仅可以保持并综合二元或多元组分本征物化性质的优势,而且光生载流子在异质结界面处可以发生有效分离和迁移,载流子的复合过程被有效抑制。另外,窄带隙半导体还能够有效敏化宽带隙半导体,使异质结光催化剂具备优良的可见光响应能力。Yu 等以三聚氰胺和氧化石墨烯为前驱体,在氨气气氛中高温合成了 g-C$_3$N$_4$/石墨烯复合型光催化剂。由于具有良好的导电性,石墨烯在催化过程中作为电子传输通道,能大幅提高光生载流子的分离效率,从而提升光催化活性。光催化产氢测试显示,g-C$_3$N$_4$/石墨烯复合材料的产氢速率为 451 mmol·h^{-1}·g^{-1},相对于纯 g-C$_3$N$_4$ 催化剂(147 mmol·h^{-1}·g^{-1})提高了 3.07 倍[39]。Zhang 等利用锂离子插层辅助剥离法获得了单层 Bi$_{12}$O$_{17}$Cl$_2$ 纳米片和单层 MoS$_2$ 纳米片,然后经过混合、回流处理使两种单层纳米片紧密地结合到一起,制备出具有超薄结构的 (Cl$_2$)—(Bi$_{12}$O$_{17}$)—(MoS$_2$) 复合纳米片。在此光催化体系中,光生电子可以在内电场的作用下定向地转移到 Bi$_{12}$O$_{17}$ 晶面,然后再经过两种纳米片之间形成的 Bi—S 键转移至单层 MoS$_2$ 纳米片上发生还原反应,光生空穴在内电场的作用下定向地转移到 (Cl$_2$) 晶面参加氧化反应,由此提高光生载流子的分离与迁移效率。光催化产氢测试表明,超薄 Bi$_{12}$O$_{17}$Cl$_2$/MoS$_2$ 复合纳米片展示出超高的可见光催化活性,其产氢速率达到 33 mmol·h^{-1}·g^{-1},并且 420 nm 单色光下的量子效率可达 36%,均远远高于单一超薄 Bi$_{12}$O$_{17}$Cl$_2$ 纳米片的催化活性[40]。Xu 等利用超声剥离法分别制备了超薄 ZnIn$_2$S$_4$ 和 MoSe$_2$ 纳米片。因为这两种纳米片表面所带电荷不同,所以强烈的静电作用可使它们紧密地结合到一起,形成异质结。实验发现,超薄 MoSe$_2$ 纳米片的负载能有效降低电荷转移的阻抗,提高光生电子与空穴之间的分离效率。因此,超薄 ZnIn$_2$S$_4$/MoSe$_2$ 复合纳米片展现出比单一超薄 ZnIn$_2$S$_4$ 纳米片更高的光催化产氢性能,其产氢速率可以达到 6.454 mmol·h^{-1}·g^{-1},是后者的 4 倍[41]。目前,此方面的研究工作主要致力于构筑异质结以及调控能带匹配,以促进光生电荷在界面处的有效分离。然而分离后的电子和空穴可能会局限在界面处一个小空间内,而不能迅速迁移至催化剂表面的反应活性位点参与氧化还原反应。因此,除了实现电子和空穴的有效分离外,如何促进分离后的电子/空穴快速有效地迁移到表面反应活性位点,也是开发高效异质结光催化剂的一大挑战。为了解决该问题,构筑异质结的每一个单体的结构和性质上的优势应该被重视,要充分利用每种单体自身的特性来优化分离后的载流子的迁移路径。已有报道证实了利用极性半导体的内建电场利于光生载流子的分离和迁移[42]。因此,在异质结中,实现两个内电场(界面处的内电场和极性半导体中内建电场)的有效耦合是提升异质结光催化剂性能的又一重要手段。

1.3　模拟计算在光解水催化剂设计中的应用

采用理论模拟计算的手段来表征现有光解水催化剂的性质和预测潜在的光解水催化剂已经有 20 年的历史。鉴于在实验中表征电极-电解质界面的困难,理论模拟计算可以成为深入了解反应中间产物、反应机制和最终产物的重要工具。从材料的几何空间结构出发,以能量最低原理为最根本的原则(First-Principles Study,第一性原理计算),可以计算与光催化分解水有关的关键特性,如光电特性(带隙、带边位置、电荷载流子分离和传输的动力学)、吸附和反应能量学,以及(光)电化学稳定性。Kanan 和 Carter 用 Hubbard-U 校正的密度泛函理论计算方法(DFT)来确定带隙中心(Band gap center,BGC),用非自洽 G_0W_0 混合的密度泛函理论计算方法来确定准粒子带隙,从而计算出 MnO/ZnO 化合物(001)表面的带边位置与化合物成分的关系。他们发现,比例为 1∶1 的样品的带隙较小(降低了 2.6 eV),对于提升光吸收比较有利,同时在(001)表面保持了适合于电催化析氢反应(HER)和析氧反应(OER)的带边电势[43]。在电荷载流子复合研究方面,Zhang 和 Yang 在理论上提出了消除锐钛矿 TiO_2 纳米线中载流子复合中心的单掺杂和共掺杂方法,同时,该掺杂也有利于提高光吸收能力、减小带隙和维持适当的带边电势[44]。Sharma 等理论上预测了 α-Bi_2O_3 在掺杂硫元素后发生的带隙类型转变(直接带隙向间接带隙)和带隙宽度减小,随后该理论结果在实验中得到了验证[45]。Toroker 等提出一种使用第一性原理计算过渡金属氧化物光电催化剂的带边电势的方法。该方法包括使用 Hubbard-U 校正的 DFT 计算材料的带隙中心和通过非自洽 G_0W_0 计算材料的准粒子带隙[46]。这种方法有几个优点,如带隙中心与所使用的交换关联函数无关,带隙中心和准粒子带隙可直接与实验观测值相对照等。Liao 等使用静电嵌入的团簇模型和无束缚的

Hartree-Fock 理论,研究了 Ti、Zr、Si 和 Ge 等掺杂原子在增强赤铁矿光阳极中的电子传输方面的作用[47]。他们证实 Zr、Si 和 Ge 原子是比较合适的掺杂物。这些原子可以通过完全电离或与晶格氧原子形成共价键,从而达到增加电荷载体的数量而不降低其迁移率的效果[48]。与此同时,他们还发现,在提高赤铁矿的空穴导电性方面,Mn 离子(Mn^{2+}/Mn^{3+})掺杂明显优于其他金属离子(Mg^{2+},Ni^{2+} 和 Cu^{2+})掺杂,这是因为 Mn 离子的多价特性可能导致多种空穴传输路径。通过使用先进的数据计算模拟手段(如高通量计算和机器学习等),去预测、筛选和设计高效光解水催化剂,深层次探讨材料结构与物性之间的复杂关系,能为优化其催化性能提供科学合理的指导方向,降低传统的"试错"实验模式带来的盲目人力和物力消耗,从而大大提升研发的速度[49-51]。

参考文献

[1] Pitman C L,Miller A J M. Molecular photoelec trocatalysts for visible light-driven hydrogen evolution from neutral water[J]. Advanced Synthesis and Catalysis,2014,4:2727.

[2] Fujishima A,Honda K. Electrochemical Photolysis of Water at a Semiconductor Electrode[J]. Nature,1972,238:37.

[3] Yanagida T,Sakata Y,Imamura H. Photocatalytic Decomposition of H_2O into H_2 and O_2 over Ga_2O_3 Loaded with NiO[J]. Chinese Chemical Letters,2004,33:726.

[4] Sato J,Kobayashi H,Saito N,et al. Photocatalytic activities for water decomposition of RuO_2-loaded $AInO_2$($A=Li,Na$)with d10 configuration [J]. Journal of Photochemistry and Photobiology A, 2003, 158:139.

[5] Sato J,Saito N,Yamada Y,et al. RuO_2-Loaded β-Ge_3N_4 as a Non-Oxide Photocatalyst for Overall Water Splitting[J]. Journal of the American Chemical Society,2005,127:4150.

[6] Maeda K,Teramura K,Saito N,et al. Photocatalytic Overall Water Splitting on Gallium Nitride Powder[J]. Bulletin of the Chemical Society of Japan,2007,80:1004.

[7] Ishikawa A, Takata T, Kondo J N, et al. Oxysulfide $Sm_2 Ti_2 S_2 O_5$ as a Stable Photocatalyst for Water Oxidation and Reduction under Visible Light Irradiation($\lambda \leqslant$ 650 nm)[J]. Journal of the American Chemical Society, 2002, 124:13547.

[8] Kudo A. Miseki Y. Heterogeneous Photocatalyst Materials For Water Splitting, Chemical Society Reviews. 2009, 38:253.

[9] Maniadaki A E, Kopidakis G, Remediakis I N. Strain engineering of electronic properties of transition metal dichalcogenide monolayers[J]. Solid State Communications, 2016, 227:33.

[10] Li X, Dai Y, Li M, et al. Stable Si-based pentagonal monolayers: high carrier mobilities and applications in photocatalytic water splitting[J]. Journal of Materials Chemistry, 2015, 3:24055.

[11] Manzeli S, Ovchinnikov D, Pasquier D, et al. 2D transition metal dichalcogenides[J]. Nature Reviews Materials, 2017, 2:17033.

[12] Zhuang H L, Hennig R G. Computational search for single-layer transition-metal dichalcogenide photocatalysts [J]. Journal of Physical Chemistry C, 2013, 117:20440.

[13] Wang X, Maeda, Thomas K A, et al. metal-free polymeric photocatalyst for hydrogen production from water under visible light[J]. Nature Materials, 2009, 8:76.

[14] Ong W -J, Tan L -L, Ng Y H, et al. Graphitic Carbon Nitride(g-$C_3 N_4$)-Based Photocatalysts for Artificial Photosynthesis and Environmental Remediation: Are We a Step Closer To Achieving Sustainability? [J]. Chemical Reviews, 2016, 116:7159.

[15] Zhao Z, Sun Y, Dong F. Graphitic carbon nitride based nanocomposites: a review[J]. Nanoscale, 2015, 7:15.

[16] Zhang J, Wang B, Wang X. Carbon nitride polymeric semiconductor for photocatalysis[J]. Progress In Chemistry, 2014, 26:19.

[17] Zheng Y, Lin L H, Wang B, et al. Graphitic carbon nitride polymers toward sustainable photoredox catalysis[J]. Angewandte Chemie-international Edition, 2015, 54:12868.

[18] Zhang J, Chen Y, Wang X. Two-dimensional covalent carbon nitride nanosheets: synthesis, functionalization and applications [J]. Energy

Environmental Science,2015,8:3092.

[19] Zhang G,Lan Z -A,Lin L,et al. Overall water splitting by Pt/gC_3N_4 photocatalysts without using sacrificial agents[J]. Chemical Science, 2016,7:3062.

[20] Lu A Y,Zhu H,Xiao J,et al. Janus monolayers of transition metaldi-chalcogenides. Nature Nanotechnology,2017,12:744.

[21] Zhang J,Jia S,Kholmanov I,et al. Janus Monolayer Transition-Metal Dichalcogenides[J]. ACS Nano,2017,11:8192.

[22] Ma X,Wu X,Wang H,et al. Janus MoSSe monolayer:A potential wide solar-spectrum water-splitting photocatalyst with low carrier recombination rate[J]. Journal of Materials Chemistry,2018,6:2295.

[23] Li X,Li Z,Yang J. Proposed photosynthesis method for producing hydrogen from dissociated water molecules using incident near-infrared light[J]. Physical Review Letters,2014,112:018301.

[24] Li F,Wei W,Zhao P,et al. Electronic and Optical Properties of Pristine and Vertical and Lateral Heterostructures of Janus MoSSe and WSSe [J]. Journal of Physical Chemistry Letters,2017,8:5959.

[25] Zhao W,Li Y,Duan W,et al. Ultra-stable small diameter hybrid transition metal dichalcogenide nanotubes X-M-Y(X,Y= S,Se,Te; M= Mo,W,Nb,Ta):a computational study[J]. Nanoscale,2015,7:13586.

[26] Zhao P,Yang H,Li J,et al. Design of new photovoltaic systems based on two-dimensional group-IV monochalcogenides for high performance solar cells[J]. Journal of Materials Chemistry,2017,5:24145.

[27] Scaife D E. Oxide semiconductors in photoelectrochemical conversion of solar energy[J]. Solar Energy,1980,25:41.

[28] Chen Y,Wang B,Lin S,et al. Activation of n→π* transitions in two-dimensional conjugated polymers for visible light photocatalysis[J]. The Journal of Physical Chemistry C,2014,118:29981.

[29] Wang H,Zhang X D,Xie J F,et al. Structural distortion in graphitic-C_3N_4 realizing an efficient photoreactivity [J]. Nanoscale, 2015, 7:5152.

[30] Bi W T,Ye C M,Xiao C,et al. Spatial location engineering of oxygen vacancies for optimized photocatalytic H_2 evolution activity[J]. Small,

2014,10:2820.

[31] Lei F C,Sun Y F,Liu K T,et al. Oxygen vacancies confined in ultra-thin indium oxide porous sheets for promoted visible-light water splitting[J]. Journal of the American Chemical Society,2014,136:6826.

[32] Gao S,Gu B C,Jiao X C,et al. Highly Efficient and Exceptionally Durable CO_2 Photoreduction to Methanol over Freestanding Defective Single-Unit-Cell Bismuth Vanadate Layers[J]. Journal of the American Chemical Society,2017,139:3438.

[33] Zhou C,Zhao Y F,Shang L,et al. Facile preparation of black Nb^{4+} self-doped $K_4Nb_6O_{17}$ microspheres with high solar absorption and enhanced photocatalytic activity[J]. Chemical Communications,2014,50:9554.

[34] Shen S H,Zhao L,Zhou Z H,et al. Enhanced Photocatalytic Hydrogen Evolution over Cu-Doped $ZnIn_2S_4$ under Visible Light Irradiation[J]. Journal of Physical Chemistry B,2008,112:16148.

[35] Ida S,Kim N,Ertekin E,et al. Photocatalytic reaction centers in two-dimensional titanium oxide crystals [J]. Journal of the American Chemical Society,2015,137:239.

[36] Zhang Y J,Mori T,Ye J H,et al. Phosphorus-doped carbon nitride solid:enhanced electrical conductivity and photocurrent generation[J]. Journal of the American Chemical Society,2010,132:6294.

[37] Zhou Y J,Zhang L X,Liu J J,et al. Brand new P-doped g-C_3N_4:enhanced photocatalytic activity for H_2 evolution and Rhodamine B degradation under visible light[J]. Journal of Materials Chemistry,2015,3:3862.

[38] Marschall R. Semiconductor composites:strategies for enhancing charge carrier separation to improve photocatalytic activity[J]. Advanced Functional Materials,2014,24:2421.

[39] Xiang Q J,Yu J G,Jaroniec M. Preparation and Enhanced Visible-Light Photocatalytic H_2-Production Activity of Graphene/C_3N_4 Composites[J]. Journal of Physical Chemistry C,2011,115:7355.

[40] Li J,Zhan G M,Yu Y,et al. Superior visible light hydrogen evolution of Janus bilayer junctions via atomic-level charge flow steering[J]. Nature Communications,2016,7:11480.

[41] Yang M Q,Xu Y J,Lu W H,et al. Self-surface charge exfoliation and electrostatically coordinated 2D hetero-layered hybrids [J]. Nature Communications,2017,8:14224.

[42] Li L,Salvador P A,Rohrer G S. Photocatalysts with internal electric fields[J]. Nanoscale,2014,6:24.

[43] Kanan D K,Carter E A,Gap Band. Engineering of MnO via ZnO Alloying:A Potential New Visible-Light Photocatalyst [J]. Journal of Physical Chemistry C. 2012,116:9876—9887.

[44] Zhang D,Yang M. Band Structure Engineering of TiO$_2$ Nanowires by n-p Codoping for Enhanced Visible-Light Photoelectrochemical Water-Splitting[J]. Physical Chemistry Chemical Physics,2013,15:18523.

[45] Sharma R,Khanuja M,Sharma S N,et al. Reduced Band Gap & Charge Recombination Rate in Se Doped α-Bi$_2$O$_3$ Leads to Enhanced Photoelectrochemical and Photocatalytic Performance:Theoretical & Experimental Insight[J]. International Journal of Hydrogen Energy,2017,42:20638—20648.

[46] Toroker M C,Kanan D K,Alidoust N,et al. First Principles Scheme to Evaluate Band Edge Positions in Potential Transition Metal Oxide Photocatalysts and Photoelectrodes [J]. Physical Chemistry Chemical Physics,2011,13:16644.

[47] Liao P,Toroker M C,Carter E A. Electron Transport in Pure and Doped Hematite[J]. Nano Letters,2011,11:1775—1781.

[48] Liao P,Carter E A. Hole Transport in Pure and Doped Hematite[J]. Journal of Physics D:Applied Physics,2012,112:013701.

[49] Rajan A G,Martirez J M P,Carter E A. Why Do We Use the Materials and Operating Conditions We Use for Heterogeneous(Photo)Electrochemical Water Splitting? [J]. Advanced Synthesis and Catalysis,2020,10:11177—11234

[50] 罗树林. 基于高通量计算与机器学习的材料设计方法与软件的开发与应用[D].吉林大学,2021.

[51] 陈巍,于广涛. 计算化学模拟在 HER/OER 电催化剂设计中的作用[C]//2019 年第四届全国新能源与化工新材料学术会议暨全国能量转换与存储材料学术研讨会摘要集. 2019,5.

第二章　材料的第一性原理物性计算

2.1　密度泛函理论基本原理

2.1.1　密度泛函理论

在现在科研理论研究中,经常用到的第一性原理计算(first-principles calculations)就是以密度泛函理论(Density function theory,DFT)为基础的一种计算。密度泛函理论是一种以量子力学为基础的从头算理论(ab initio)。Hohenberg 和 Kohn 提出并发展了这套理论[1, 2]。密度泛函理论的原理就是可以用电子密度的单一泛函来表示系统的总能量,当电子密度为最小值,处于基态密度时,这时系统总能量的函数就可以取到最小值,也就是系统的基态。通过这种思想转换,人们就可以用原子核和电子组成的系统来表示现实中原子组成的体系,再通过量子力学等理论对体系进行深入的研究[3]。

Hohenberg-Kohn 理论:多体理论

电子近似理论是比较规范的密度泛函理论的基础,是由 Hohenberg 和 Kohn 在 1964 年的《物理评论》上提出的[1]。这套理论可以归结成两个基本定理:

(1)系统的外势 $V_{ee}(r)$ 由电子密度 $\rho(r)$ 来唯一确定,同时电子密度 $\rho(r)$ 的唯一泛函也是系统的外势 $V_{ee}(r)$。

(2)当体系的电子密度 $\rho(r)$ 取得最小值时,系统的处于能量的最低值,也就是处于基态。

根据 Hohenberg-Kohn 理论,受任意多粒子组成的系统的外势 V_{ee} 的作用,Hamilton 量的都可以表示成:

$$H = V_{ee} - \frac{h^2}{2m} \sum_i \nabla_i^2 + \frac{1}{2} \sum_{ii'} \frac{e^2}{|r_i - r_{i'}|} \tag{2.1}$$

此时,体系的能量泛函就可以表示成:

$$E[\rho] = T[\rho] + U[\rho] + \int d^3 r V_{ee}(r) \rho(r) + E_M \tag{2.2}$$

上式当中,$T[\rho]$ 和 $U[\rho]$ 分别代表了体系相互作用的动能和势能,$V_{ee}(r)$ 代表的是外场作用的势能和原子的作用,E_M 代表的是原子核之间相互作用的势能。从 Hohenberg 和 Kohn 提出的定理的第二条,人们可以得出,对于已经确定了的外势的系统,电子密度 $\rho(r)$ 可以使体系的能量泛函 $E[\rho]$ 取最小值。

Kohn-Sham 方程:有效单体理论

Hohenberg 和 Kohn 从理论上证明了可以通过电子密度 $\rho(r)$ 得到体系基态性质的可操作性,遗憾的是,具体形式的 $T[\rho]$ 和 $U[\rho]$ 还是尚未知晓的。在 1965 年,Kohn 和 Sham 通过变分原理,提出了一种选取 $T[\rho]$ 和 $U[\rho]$ 的可行办法,并引入了一个非相互作用的虚拟多电子系统,这个系统与相互作用的多电子系统有着相同的电子密度[2],单电子波函数的平方和被定义成为这个虚拟体系的电子密度 $\rho(r)$:

$$\rho(r) = \sum_{i=l}^{N} |\Psi_i(r)|^2 \tag{2.3}$$

在虚拟的无相互作用系统中,系统的动能 T_s 可以由各电子的动能之和表示出来:

$$T_s = -\frac{h^2}{2m} \sum_{i=l}^{N} \int d^3 r \Psi_i^*(r) \nabla^2 \Psi_i(r) \tag{2.4}$$

在这个虚拟的无相互作用系统中,势能方面只考虑传统的库仑作用势能,因此电子密度 $\rho(r)$ 和自身的相互作用可以表示为:

$$U_S = U_H = \frac{e^2}{2} \int d^3 r dr' \frac{\rho(r)\rho(r')}{|r - r'|} \tag{2.5}$$

此外,在这个虚拟的无相互作用系统中,E 基态能量 E_s 等于真实存在体系的能量。

$$E = T + U + V_{ee} = E_s = T_s + U_H + V_{ee} + E_{xc} \tag{2.6}$$

从而可以化简得到:

$$E_{XC} = T + U - T_s - U_H \tag{2.7}$$

其中,E_{XC} 是真实存在的的多粒子相互作用系统与虚拟的非相互作用系统的动能及内部相互作用的势能之差。这样相关的交换作用项中就包含了复杂的相互作用项。

将能量泛函 $E[\rho]$ 对 $\psi_i(r)$ 变分之后,便可得到 Kohn-Sham 方程:

$$\varepsilon_i \Psi_i(r) = \left[-\frac{h^2}{2m}\nabla^2 + V_{ee}(r) + V_H(r) + V_{xc}(r) \right]\Psi_i(r) \qquad (2.8)$$

式子中 $V_{xc}(r)$,$V_H(r)$,$V_{ee}(r)$ 分别是交换关联式,Hartree 势和外势。这样,多电子系统问题在 Sham 理论的指导之下,就转变成了有效的单电子系统的问题。Kohn-Sham 方程中的势能全部由电子密度 $\rho(r)$ 来确定,而电子密度 $\rho(r)$ 全部是该方程本征函数。因此,所研究的相互作用系统中的能量和电子密度都可以通过迭代法求解出来。

2.1.2 交换相关能量泛函

密度泛函理论通过 Kohn-Sham 方程得到非常广泛的应用,但是由于无法精确地将相关交换能 E_{xc} 表示出来,在实际应用当中,往往要引入近似。因此,研究人员只能通过更加精确的表示相关交换能 E_{xc} 的方法,来提高 DFT 理论计算的准确度,这也是当今 DFT 理论计算探索的一个重要方向。研究人员经常用到以下几种近似来获取更好的相关交换能 E_{xc} 的近似泛函。

局域密度近似(LDA)

在相关交换能 E_{xc} 的近似泛函方法中,局域密度近似(Local density approximation,LDA)是简单易行又富有效果的一种。这种方法的原理就是把均匀的密度相同的电子气的相关交换能泛函数当作所研究的非均匀体系的相关交换能泛函数的近似值。通过这种近似,体系的相关交换能泛函就可以表示成:

$$E_{xc}^{LDA}[\rho] = \int \rho(r)\varepsilon_{xc}(\rho(r)) \qquad (2.9)$$

在以上表达式中,$\varepsilon_{xc}(\rho(r))$ 代表的是密度相同的电子气的相关交换能密度。该方程可以用解析写出,也可以进行数值拟合。在众多相关交换能 E_{xc} 的近似形式中,LDA 用得最广泛的是 B. Alder 和 C. Ceperley 采用量子蒙特卡洛方法获得的结果,然后由 A. Zunger 和 T. Perdew 进行参数化得到的[4,5]。

由于平均效应和加和效应在实际系统中的存在,LDA 这种近似方法就变得很有效。它在金属键、离子键等结合的体系中,可以比较准确地预测出分子的几何结构,而且对键角、键长和振动频率等,也能给出很好的计算结果。不过这种近似方法,在一些结合能比较弱的体系中不适用,因为它过高地考虑了体系的结合能,使得体系的键长偏短,造成误差。

广义梯度近似(GGA)

LDA 过高地考虑了体系的结合能,为了改进这个问题,人们又研究出一种新的近似方法,叫做广义梯度近似(Generalized gradient approximations, GGA),这种近似方法考虑到的相关交换能 E_{xc} 既和电子密度 $\rho(r)$ 有关,又和电子密度的梯度有关。这时相关交换能可以表示为:

$$E_{xc}^{GGA}[\rho] = \int \rho(r)\varepsilon_{xc}(\rho(r)) + E_{xc}^{GGA}(\rho(r))|\nabla\rho(r)| \qquad (2.10)$$

到目前为止,比较常用的 GGA 的具体形式是 Perdew-Burke-Emerhof (PBE)[6] 和 Perdew-Wang91(PW91)[7, 8] 形式的相关交换能泛函。和 LDA 相比,GGA 得到体系结合能和晶格平衡常数的计算数据更加准确,因为键长拉长或者弯曲的系统中,电子密度不均匀,对 LDA 不适合,而 GGA 考虑到了电子密度梯度问题,因此处理得比较好,并且成为第一性原理计算中的重要方法。尽管如此,并不是在所有体系中,GGA 的计算结果都比 LDA 的计算结果都准确,要个别情况个别对待,甚至要两种计算方法都算一下,做一下对比来说明问题,另外 GGA 的计算量也大大超过 LDA 的计算量。

轨道泛函[LDA(GGA)+U]

处理非强关联系统时,由于只需要考虑不同原子间电子跳跃的动量项,因此,局域密度近似(LDA)或广义梯度近似(GGA)都能得到比较精准的结果,但是在处理 d、f 电子间作用强烈的过渡金属类体系的时候,单纯 DFT 理论计算就不能给出很好的结果,为了解决这个问题,Hubbard 模型参数 U 作为一个修正值便应运而生。U 值表示占据同一轨道时,相反自旋的两个电子之间的库仑排斥能。U 值在不同原子环境中是不同的,甚至同样的一种原子在不同原子环境中,U 值也不一定相同,只能通过实验数据来判定。目前,在一些强关联电子的体系中,人们已经通过 LDA(GGA)+U 的方法成功地计算得到了电子结构等方面的结果[9, 10]。

2.1.3 VASP 软件简介

在 1989 版的 CASTEP 材料模拟计算软件的基础上[11],Kresse 开发出了

VASP(Vienna Ab-initio Simulation Package)软件[12-14]。这是一种利用平面波基组和赝势,使用量子力学的有关理论,进行分子动力学模拟计算和密度泛函从头计算的软件包。在 VASP 中,采用投影缀加平面波方法(PAW)和超缓 Vanderbilt 赝势方法(US-PP)来描述离子和电子间的相互作用。在实空间中,VASP 可以求解赝势的非局域贡献,而且可以使正交化的次数达到最少,甚至在价电子为 4000 个的研究体系中也可以得到应用。自问世以来,VASP 就被广泛应用于材料科学界。它采用周期边界条件对原子、团簇、纳米材料、薄膜等体系结构进行模拟计算,可以得出许许多多相关的具有前瞻性的性质[15]。VASP 5.2 版添加了 GW 方法和杂化泛函,这两种方法使得计算更加精准,而且该版本采用并行计算的方式使得所需的内存减少。除此之外,VASP 5.2 版采用的收敛方法更稳定,分析方法也更加多样化,因此处理问题的能力也更强,应用范围也更广。

2.2 物性计算

2.2.1 激子结合能和电偶极矩

采用 DFT 计算得到 Kohn-Shan 方程的本征值和本征波函数,用于构建 GW 和 Bethe-Salpeter 方程(BSE)的算符。利用 GW 准粒子修正值和准粒子波函数构造 Wannier 函数插值法得到 Janus 结构过渡金属硫族化合物的准粒子能带结构。考虑电子与空穴之间的相互作用,通过求解 Bethe-Salpeter 方程,得到激发态能量和光吸收谱。通过准粒子带隙和光学带隙(光吸收谱中的第一个吸收峰位置)的差值,可以得到激子结合能[16]。根据上下两个表面的电位差,可以得到材料固有电偶极矩的大小。

2.2.2 带边电位

半导体的价带带边电位 E_{VB} 可根据 Mulliken 电负性理论计算得到[17]:

$$E_{VB} = X - E^e + 0.5E_g \qquad (2.11)$$

式中 X 代表半导体的绝对电负性,即组成原子电负性的几何平均数;E^e 代表氢标度下,自由电子的能量,约为 4.5 eV;E_g 代表半导体的带隙能量;导带带边电位 E_{CB} 可根据下式计算得到:

$$E_{CB} = E_{VB} - E_g \tag{2.12}$$

2.2.3 载流子迁移率

二维纳米材料体系的迁移率 μ 可以通过 Bardeen 和 Shockley 提出的形变势理论结合有效质量分析得到,其公式为[18, 19]:

$$\mu = \frac{2e\hbar^3 C}{3K_B T \mid m^* \mid^2 E_d^2} \tag{2.13}$$

其中,e 是电子电荷量、$\hbar$ 为约化普朗克常数、C 为弹性模量、K_B 为波尔兹曼常数、T 代表温度(这里笔者选 300 K)、m^* 为沿着形变方向的载流子有效质量、E_d 为形变势常数。其中,形变势常数 E_d 代表 VBM 和导带底(CBM)带边位置随着形变应力 ε 变化的一阶导数,即 $dE_{edge}/d\varepsilon$。弹性模量 C 在二维体系中可以表示为:

$$C = \frac{\left[\dfrac{\partial^2 E}{\partial \varepsilon^2}\right]}{S_0} \tag{2.14}$$

其中,E 代表体系在形变应力 ε 下的总能,S_0 为二维体系在不施加应力情况下,结构优化后的表面积。载流子有效质量 m^* 可以由下面的公式对 VBM 和 CBM 附近抛物线能带色散关系进行二次项拟合得到:

$$m^* = \pm\hbar^2 \left(\frac{d^2 E_k}{dK^2}\right)^{-1} \tag{2.15}$$

其中,E_k 为与波矢 k 相对应的能量、$\hbar$ 为约化普朗克常数。其中有效质量的单位研究人员定义为 m_e,m_e 为电子的质量。

2.2.4 空位形成能

空位形成能 $E_f(j)$ 由以下公式确定[20]:

$$-E_f(j) = E_{tot}(A) - \{E_{tot}(A,[j]) + nE_{tot}(j)\} \tag{2.16}$$

上式中,$E_{tot}(MXY)$,$E_{tot}(MXY,[j])$ 分别为不含缺陷的表面总能量和含缺陷的表面总能量,n 为所含空位的个数,$E_{tot}(j)$ 为单个原子在块体情况下的能量。与本征态的 MXY 对比,通过电子性质和光学性质的变化,研究引入空位对体系光催化性能的调控。

2.2.5　掺杂形成能

掺杂形成能 $E_f(i)$ 由以下公式确定:

$$-E_f(i) = E_{tot}(A,[j],[i]) - \{E_{tot}(A,[j]) + nE_{tot}(i)\} \quad (2.17)$$

其中 $E_{tot}(A,[j],[i])$ 代表既包含空位也包含掺杂原子的体系的总能,$E_{tot}(i)$ 代表掺杂原子在自由状态下的总能,$E_{tot}(A,[j])$ 代表只包含空位的体系的总能。

2.2.6　异质结形成能和成键能

A/B 异质结形成能 $E_f(h)$ 的计算公式定义为[21, 22]:

$$-E_f(h) = E_{tot}(A/B) - [E_{tot}(A) + E_{tot}(B)] \quad (2.18)$$

公式中 $E_{tot}(A/B)$、$E_{tot}(A)$ 和 $E_{tot}(B)$ 分别为异质结 A/B、单层 A 和单层 B 的总能量。异质结中单层 A 和单层 B 之间的成键能 E_b 定义为[22]:

$$E_b = \frac{|E_f(h)|}{S} \quad (2.19)$$

式中 S 为界面的面积。根据界面的成键能和优化之后的层间距,可以判断出异质结是否属于范德华异质结。范德华异质结的层间距一般为 3~5 Å,键能也一般不会超过 $100~\mathrm{meV\mathring{A}^{-2}}$。采用 Bader 电荷分析电子转移。根据几何结构、成键能等,研究其结构稳定性;根据能带结构,态密度等,研究其电子性质;根据其带边位置,光吸收谱等,研究其光催化活性;根据其内建电场和可能的光生载流子迁移路径,研究其光催化机理。

2.2.7　太阳能转化成氢能效率

中国科技大学杨金龙教授课题组提出了一种估算材料太阳能转化成氢能(solar-to-hydrogen,STH)效率的方法[23]。在该方法中,太阳能转化成氢能效率被定义为光吸收效率(η_{abs})和载流子利用效率(η_{cu})的乘积:

$$\eta_{STH} = \eta_{abs} \times \eta_{cu} \qquad (2.20)$$

光吸收效率被定义为：

$$\eta_{abs} = \frac{\int_{E_g}^{\infty} P(h\omega)d(h\omega)}{\int_{0}^{\infty} P(h\omega)d(h\omega)} \qquad (2.21)$$

其中 $P(h\omega)$ 为光子能量为 $h\omega$ 时的 AM 1.5G 太阳能通量，E_g 为光催化剂的带隙[23,24]。分母代表参考太阳光光谱（AM 1.5G）的总功率密度，分子给出光催化剂吸收的光功率密度。

载流子利用效率（η_{cu}）被定义为：

$$\eta_{cu} = \frac{\Delta G_{H_2O} \int_{E}^{\infty} \dfrac{P(h\omega)}{h\omega} d(h\omega)}{\int_{E_g}^{\infty} P(h\omega)d(h\omega)} \qquad (2.22)$$

其中 ΔG_{H_2O} 是全解水反应的自由能（1.23 eV），分子的其余部分代表有效光电流密度。积分下限的 E 代表在水分裂过程中实际可以利用的光子能量，其定义式为：

$$E = \begin{cases} E_g, & [\chi(H_2) \geqslant 0.2, \chi(O_2) \geqslant 0.6] \\ E_g + 0.2 - \chi(H_2), & [\chi(H_2) < 0.2, \chi(O_2) \geqslant 0.6] \\ E_g + 0.6 - \chi(O_2), & [\chi(H_2) \geqslant 0.2, \chi(O_2) < 0.6] \\ E_g + 0.8 - \chi(H_2) - \chi(O_2), & [\chi(H_2) < 0.2, \chi(O_2) < 0.6] \end{cases}$$

$$(2.23)$$

在光催化分解水过程中，本征的内建电场对电子-空穴分离做正功，这部分功应加到总能量中。因此，在具备本征的内建电场的二维材料光催化剂的修正 STH 效率应该为：

$$\eta'_{STH} = \eta_{STH} \times \frac{\int_{0}^{\infty} P(h\omega)d(h\omega)}{\int_{0}^{\infty} P(h\omega)d(h\omega) + \Delta\Phi \int_{E_g}^{\infty} \dfrac{P(h\omega)}{h\omega}d(h\omega)} \qquad (2.24)$$

其中，$\Delta\Phi$ 是两个表面的真空能级差。

2.2.8　自由能差

水氧化还原反应中的自由能差（ΔG）可以按照 Nørskovet 等提出的方法

进行计算[25]，在 pH＝0 的情况下，ΔG 可以定义如下：

$$\Delta G = \Delta E + \Delta E_{zpe} - T\Delta S \tag{2.25}$$

其中 ΔE 是吸附能，ΔE_{zpe} 和 $T\Delta S$ 分别是吸附状态和气相之间的零点能和熵差。

在水氧化半反应中，将 H_2O 转化为 O_2 有四个电子步，可以写成：

$$* + H_2O \longrightarrow OH^* + H^+ + e^- \tag{a}$$

$$OH^* \longrightarrow O^* + H^+ + e^- \tag{b}$$

$$O^* + H_2O \longrightarrow OOH^* + H^+ + e^- \tag{c}$$

$$OOH^* \longrightarrow * + O_2 + H^+ + e^- \tag{d}$$

同时，水还原半反应可以分解为两个电子步，反应方程可以写成：

$$* + H^+ + e^- \longrightarrow H^* \tag{e}$$

$$^*H + H^+ + e^- \longrightarrow * + H_2 \tag{f}$$

其中，$*$ 表示吸附的物质，O^*、OH^*、OOH^* 和 H^* 表示吸附的中间产物。

受环境酸碱度和外置偏压作用下，水氧化还原反应中的每一个电子步的自由能差可以写成以下公式：

$$\Delta G_a = G_{OH^*} + \frac{1}{2}G_{H_2} - G_* - G_{H_2O} + \Delta G_U - \Delta G_{pH} \tag{2.26}$$

$$\Delta G_b = G_{O^*} + \frac{1}{2}G_{H_2} - G_{OH^*} + \Delta G_U - \Delta G_{pH} \tag{2.27}$$

$$\Delta G_c = G_{OOH^*} + \frac{1}{2}G_{H_2} - G_{O^*} - G_{H_2O} + \Delta G_U - \Delta G_{pH} \tag{2.28}$$

$$\Delta G_d = G_* + \frac{1}{2}G_{H_2} + G_{O_2} - G_{OOH^*} + \Delta G_U - \Delta G_{pH} \tag{2.29}$$

$$\Delta G_e = G_{H^*} - \frac{1}{2}G_{H_2} - G_* + \Delta G_U + \Delta G_{pH} \tag{2.30}$$

$$\Delta G_f = G_* + \frac{1}{2}G_{H_2} - G_{H^*} + \Delta G_U + \Delta G_{pH} \tag{2.31}$$

其中，ΔG_{pH}（$\Delta G_{pH} = k_B T \times \ln 10 \times pH$）表示在不同酸碱度下的自由能。$\Delta G_U$（$\Delta G_U = -eU$）表示电极中电子提供的额外偏压，其中 U 是相对于标准氢电极（Standard hydrogen electrode，SHE）的电极电位。

参考文献

［ 1 ］HOHENBERG P,KOHN W. Inhomogeneous Electron Gas[J]. Physical Review B,1964,136:B864.

［ 2 ］KOHN W,SHAM L J. Self-Consistent Equations Including Exchange and Correlation Effects[J]. Physical Review,1965,140:A1133.

［ 3 ］吴兴惠,项金钟. 现代材料计算与设计教程[M]. 北京:电子工业出版社,2002.

［ 4 ］CEPERLEY C M,ALDER B J. Ground state of the electron gas by a stochastic method[J]. Physical Review Letters,1980,45:566.

［ 5 ］PERDEW J P,ZUNGER A. Self-interaction correction to density-functional approximations for many-electron systems[J]. Physical Review B,1981,23:5048.

［ 6 ］PERDEW J P,BURKE K,ERNZERHOF M. Generalized Gradient Approximation Made Simple[J]. Physical Review Letters,1996,77:3865.

［ 7 ］PERDEW J P,WANG Y. Accurate and simple analytic representation of the electron-gas correlation energy[J]. Physical Review B,1992,45:13244.

［ 8 ］PERDEW J P,CHEVARY J A,VOSKO S H,et al. Atoms,molecules,solids,and surfaces:Applications of the generalized gradient approximation for exchange and correlation[J]. Physical Review B,1992,46:6671.

［ 9 ］ANISIMOV V I,ZAANEN J,ANDERSEN O K. Band theory and Mott insulators:Hubbard U instead of Stoner I[J]. Physical Review B,1991,44:943.

［10］ANISIMOV V I,KOROTIN M A,NEKRASOV I A,et al. The role of transition metal impurities and oxygen vacancies in the formation of ferromagnetism in Co-doped TiO_2 [J]. Physica :Condensed Matter,2006,18:1695.

［11］SEGALL M D,LINDAN P J D,PROBERT M J,et al. First-principles simulation: ideas, illustrations and the CASTEP code[J]. Journal of Physics Condensed Matter,2002,14:2717.

[12] KRESSE G,FURTHMULLER J. Efficiency of ab-initio total energy calculations for metals and semiconductors using a plane-wave basis set [J]. Computational Materials Science,1996,15:50.

[13] BLOCHL P. Generalized separable potentials for electronic-structure calculations[J]. Physical Review B,1990,41:5414.

[14] KRESSE G,JOUBERT D. From ultrasoft pseudopotentials to the projector augmented-wave method[J]. Physical Review B 1999,59:1758.

[15] VASP 软件的介绍及使用官方文档[EB/OL]. [2010-11-08]. http://cms. mpi. univie. ac. at/vasp/vasp/vasp. html.

[16] ZHAO P,YANG H,LI J,et al. Design of new photovoltaic systems based on two-dimensional group-IV monochalcogenides for high performance solar cells[J]. Journal of Materials Chemistry A,2017,5:24145—24152.

[17] BUTLER M A,Ginley D S,Prediction of flatband potentials at semi-conductor-electrolyte interfaces from atomic electronegativities[J]. Journal of the Electrochemical Society,1978,125:228.

[18] XI J,LONG M,TANG L,et al. First-principles Prediction of Charge Mobility in Carbon and Organic Nanomaterials[J]. Nanoscale,2012,4:4348—4369.

[19] LI X,DAI Y,LI M,et al. Stable Si-based Pentagonal Monolayers:High Carrier Mobilities and Applications in Photocatalytic Water Splitting [J]. Journal of Materials Chemistry A,2015,3:24055—24063.

[20] CAO D,CAI M Q,ZHENG Y,et al. First-principles study for vacancy-induced magnetism in nonmagnetic ferroelectric $BaTiO_3$[J]. Physical Chemistry Chemical Physics,2009,11:10934—10938.

[21] FU C,LUO Q,LI X,et al. Two-dimensional van der Waals nanocomposites as Z-scheme type photocatalysts for hydrogen production from overall water splitting[J]. Journal of Materials Chemistry A,2016,4:18892.

[22] JU L,DAI Y,WEI W,et al. DFT investigation on two-dimensional

GeS/WS$_2$ van der Waals heterostructure for direct Z-scheme photocatalytic overall water splitting [J]. Applied Surface Science, 2018, 434:365.

[23] FU C, SUN J, LUO Q, et al. Intrinsic Electric Fields in Two-dimensional Materials Boost the Solar-to-Hydrogen Efficiency for Photocatalytic Water Splitting[J]. Nano Letters, 2018, 18:6312—6317.

[24] YANG H, MA Y, ZHANG S, et al. GeSe@SnS: stacked Janus structures for overall water splitting[J]. Journal of Materials Chemistry A, 2019, 7:12060—12067.

[25] NØRSKOV J K, ROSSMEISL J, LOGADOTTIR A, et al. Origin of the Overpotential for Oxygen Reduction at a Fuel-Cell Cathode[J]. Journal of Physical Chemistry B, 2004, 108:17886—17892.

第三章　金原子吸附的氧化石墨烯光催化性能的理论研究

概述

通过基于密度泛函理论的第一原理计算,本章介绍已吸附单个金原子的氧化石墨烯(Graphene oxide,GO)的光催化性质,探讨了金原子的吸附使得氧化石墨烯光催化效率提高的原因。与纯净的 GO 相比,单金原子吸附后,电荷从金原子转移到 GO,导致 GO 的功函数降低,增强了表面活性。金原子作为一个反应活性中心,在光催化过程中,为催化剂和中间产物之间的电荷转移中起着中介作用,同时有效地分离光产生的电子-空穴对。除此之外,金原子吸附后,在 GO 带隙中引入了一些由 Au 6s 组成的电子态。通过带隙态,光产生的电子更容易从 GO 的价带转移到导电带上。此外,笔者在工作中发现GO 吸附金原子后,带隙减小了,使其光吸收范围变宽,从而提高了光吸收能力。这些理论结果对于 GO 材料未来作为光催化剂在分解水制氢方面的应用很有参考价值。

3.1　研究背景

氢气燃烧释放出化学能后,唯一产生的是水。因此,氢气被认为是解决能源危机和环境污染的非常有前途的能源。吸收太阳光,利用光产生的电子和空穴进行光催化,可以将水分成 H_2 和 O_2[1],这是一种转换和利用太阳能的好方法。不幸的是,许多这样的光催化剂通常有一些缺点,如重金属的毒性、活性点的数量有限[9, 10]。相反,有机光催化剂有很多优点,如成本低、柔韧性好、易于制造等[11-13]。GO 是一种用以低成本大规模生产石墨烯的重要材料,由于它被认为是一种潜在的光催化材料,最近又引起了人们的兴趣[14]。

GO 材料具有良好的可溶性、生物相容性和可调整的带隙[15-17]。此外,它还具有 10 cm²/V 的电荷载体迁移率和 10000 S/m 的电导率,这足以使光生电子快速迁移到表面,以实现高效的光催化反应[18]。通过调整 sp² 和 sp³ 杂化碳的比例,GO 材料可以从绝缘体转变为半导体和石墨烯类半金属[14,19]。最近,Krishnamoorthy 等[15]通过测量树脂天青转化为试卤灵的还原率与紫外线(UV)照射时间的关系,研究了 GO 纳米晶的光催化性能,并证明 GO 纳米晶在光催化领域中具有非常好的应用前景。同时,氧化石墨的带隙和带边电位也通过吸收光谱、电化学分析和 Mott-Schottky 方程表征出来[17]。结果表明,适当氧化的石墨烯导带和价带边电势满足用于分解水对氧化还原能力的要求。然而,很大一部分 GO 聚合物只在紫外线照射下表现出高活性,因为其带隙很宽,这大大限制了其作为光催化剂的实际应用[20]。尽管 GO 的带隙随着还原度的增加而减少,但所需的化学电位是比较苛刻的,难以达到[21,22]。

在光催化剂表面沉淀金属颗粒已被证明是增强光催化活性的有效方法。一些金属,如金、铂、银和钴/镍,通常被用作辅助催化剂以获得高的光催化效率[23-25]。据报道,在可见光照射下,装载有(111)切面定向金纳米片的多层石墨烯对于光催化全解水表现出更好的光催化活性。负载的金纳米片发挥了积极作用,增加了金的催化活性和光吸收效率。可见光激发 Au 纳米片后,电子从 Au 纳米片迁移到石墨烯,实现了电荷分离。在该过程中,石墨烯将作为电荷分离的增强剂[26]。不幸的是,亚纳米团块也包括一些多活性中心,这可能不是特定产品的最理想的活性部位。金属颗粒的大小是决定金属负载的半导体催化剂的反应活性和选择活性的一个特别重要的因素[28,29]。此外,贵金属催化剂也有一些缺点,如成本高、在地球上的丰度低,这将大大限制其应用。因此,提高贵金属利用效率的研究课题被广泛关注,人们已经通过将颗粒或团簇缩小到单原子的方式以促进贵金属催化效率,并为此做出了许多努力。

在单原子催化剂(single-atom catalysts,SACs)中,孤立的金属原子均匀分布在支撑物上,这是利用金属颗粒的最小尺寸[30]。单金属原子可作为催化活性位点。SACs 被认为在实验上实现高催化活性和选择性具有巨大潜力。SACs 已被广泛用于三个关键研究领域:氧化[31,32]、水煤气变换[33]和氢化[34]。最近,Xing 等用简单的一步法,合成出稳定地锚定在锐钛矿 TiO₂(101) 表面的单金属原子(即 Pt、Pd、Rh 和 Ru)。他们发现,在单个贵金属原子沉积后,锐钛矿 TiO₂(101) 表面的光催化性能可以比未装载金属团簇样品的光催化性能提高 6~13 倍[35]。此外,单原子(Pd 和 Pt)负载的 g-C₃N₄ 已被证明是一种高效的光催化剂,用于在可见光照下还原二氧化碳[36]。已经有理论研究阐述了单个 Au、Ag 和 Cu 原子负载对 SrTiO₃ 光催化活性改善的电子机制[37-39]。然而,到目前为止还没有从理论的角度对单金属原子负载的 GO 体系进行系统分析。因此,本章中,笔者采用 Au/GO 作为研究模型,来研究单 Au 原子沉积所导致的光催化效率提高的原因。此外,对孤立的金原子吸附作用的深入了解有助于理解金属颗粒在表面的生长过程。这些理论结果对 GO 材料作为光催化剂在分解水制氢方面的未来应用很有理论价值。

3.2 研究方法

基于 DFT 的第一原理计算是用 VASP[40,41]软件中实现的周期性超单元平面波基础方法进行的。用 PAW 法进行模拟价电子和原子核之间的相互作用,并采用 PBE 函数的 GGA 来处理交换关联势[42-44]。电子波函数被扩展为平面波的基础集,其动能截止值为 500 eV。采用自旋极化计算来准确描述总能量和与 Au 吸附有关的电子结构。笔者对模型进行几何优化,直到每个离子所受的残余力收敛到小于 0.01 eV/Å,自洽场迭代的收敛阈值被设定为 10^{-4} eV。采用 $5 \times 5 \times 1$ 的 Monkhorst-Pack 网格的 K 点来对布里渊区进行采样积分[45]。计算是在周期性边界条件下进行的,沿 Z 方向的真空间距设置为 20 Å,以避免周期镜像之间的相互作用。考虑到金属原子吸附引起的偶极矩,采用偶极校正来描述总能量和电子结构。采用 PBE+D2(D 代表色散)方法和 Grimme vdW 校正来描述长程 van der Waals(vdW)相互作用[46]。

3.3 研究结果与讨论

之前的文献中报道了 GO 的各种结构模型[47-49]。最近的高分辨率固态 13C-NMR 测量证实了 sp² 杂化的 C 圆环、C—O—C(环氧化物)和 C—OH(羟基)的存在,这进一步表明羟基和环氧化物单元中很大一部分 C 原子是相互结合的,而很大一部分 sp² 杂化的 C 原子是直接与羟基和环氧化物中的 C 原子结合的[50]。此外,原子力显微镜(AFM)的测量表明,GO 片的厚度似乎等于 6.7 Å 的整数倍[51],表明环氧化物和羟基最有可能分布在石墨烯层的两边。

　　笔者考虑了 GO 的三种几何结构,即氧化官能团分别是只有环氧基、只有羟基、以及既有环氧基又有羟基。根据比较不同覆盖率下的氧原子和羟基的化学吸附能,Boukhvalov 等证明了在上述三种情况下,100%,75% 和 75% 的覆盖率是最稳定的,其构型分别是图 3.1 中显示的(e、h 和 he)(详细计算过程见参考文献[22])。

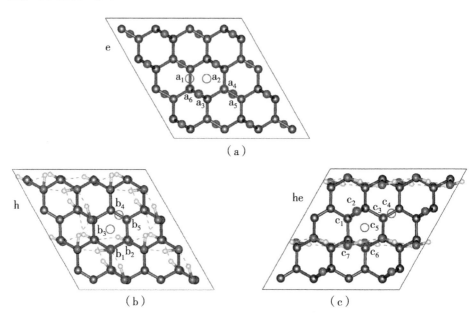

（a）

（b）　　　　　　　　　　　　（c）

图 3.1　优化后(a)e,(b)h 和(c)he 构型的纯净 GO 4×4 超胞的结构;实心圆圈表示金原子的吸附位点

　　对于构型 e,笔者可以看到氧在两个碳原子之间形成了一个桥梁,如图 3.1(a)所示。和氢化石墨烯的情况一样,当与氧结合的碳原子向上移动而它们的邻近的原子向相反方向移动时,会导致石墨烯的扭曲。这使得来自石墨烯相反方向的下一个氧原子的化学吸附在能量上很稳定。如图 3.1(b)所示,对于构型 h,羟基与石墨烯上对位相邻的碳原子相结合。H 指向同一侧相邻的 O 原子,产生一个以氢键为特征的构型。这些被吸附的基团更愿意聚集在石墨烯表面。这与实验中从核磁共振数据推断出的结果完全一致[48-50]。如图 3.1(c)所示,构型 he 的结构包含 sp^2 和 sp^3 杂化碳的两个独立区域,sp^3 条带由双羟基链和一个环氧化物组成。构型 e、h 和 he 的功能化碳原子之间的键长度从石墨烯的标准值 1.42 Å,分别增长到 1.46 Å、1.53 Å 和 1.50 Å。该伸展值对应于碳原子从平面 sp^2 杂化到扭曲 sp^3 杂化的转变,此时 C 和 O

之间形成了一个新的键。构型 h 的扭曲比构型 e 更强,也许是因为羟基之间的相互作用导致了扭曲的程度。笔者计算得到的结构与之前的理论研究报告中结果[22]很一致。

如图 3.1 所示,笔者考虑了 Au 原子在构型 e、h、he 中的许多吸附位点,以确定其最稳定的吸附位置,如空心、桥等。Au 原子在氧化石墨烯上的吸附能通过以下公式计算:

$$E_{ads} = E_{GO} + E_{Au} - E_{(Au-GO)} \tag{3.1}$$

其中,$E_{(Au-GO)}$ 是 Au−GO 的总能量;E_{GO} 是 GO 的总能量,E_{Au} 是孤立的 Au 原子的总能量。经过彻底优化后,对于构型 e、h、he 来说,a_1、b_4 和 c_2 的位点基本上分别是 Au 原子最稳定的吸附位置。这是因为在所有考虑的情况下,Au 原子吸附在这几个位点上时,其吸附能量最低。为了方便起见,在最稳定的吸附位置上,金原子吸附在构型 e、h 和 he 上的构型分别被命名为 Au-e、Au-h 和 Au-he。这些吸附构型最优化的结构如图 3.2 所示。表 3.1 总结了 Au-e、Au-h 和 Au-he 构型的吸附能、Au 原子与相邻 O 平面之间的距离、被

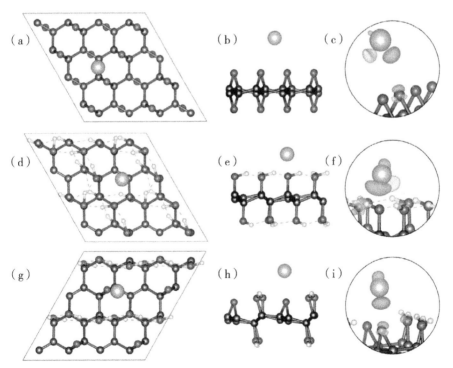

图 3.2　分别为 Au-e、Au-h 和 Au-he 优化后的几何形状的俯视图((a)、(d)和(g))和侧视图((b)、(e)和(h));(c)Au-e,(f)Au-h 和(i)Au-he 的电荷差分密度图,等表面值为 0.0003 e/Å³

表 3.1 三种 **Au-GO** 体系的各种参数:吸附能(E_{ads},eV),磁矩(M_{tot},μB),吸附的 **Au** 原子获得的电荷(Q_{TM},e),吸附的 **Au** 原子相对于邻近的 O 平面的高度(d,Å),功函数 Φ(eV)

样品	E_{ads}	M_{tot}	Q_{TM}	d	Φ
e	—	0	—	—	7.47
Au-e	0.35	1.00	−0.017	2.68	6.24
h	—	0	—	—	6.03
Au-h	0.60	1.00	−0.044	2.41	5.89
he	—	0	—	—	6.96
Au-he	0.45	1.00	−0.038	2.65	5.94

吸附的 Au 原子获得的电荷以及磁矩。在考虑范德瓦尔斯色散(D2 模型)情况下,Au-e、Au-h 和 Au-he 构型的吸附能分别为 0.35 eV、0.69 eV 和 0.45 eV。为了探索范德华相互作用对 Au 原子吸附的影响,笔者还计算了没有考虑范德瓦尔斯色散的 Au—GO 的吸附能,构型 Au-e、Au-h 和 Au-he 的吸附能分别为 33.74 meV、69.44 meV 和 48.07 meV。考虑范德瓦尔斯色散的结果几乎是不考虑范德瓦尔斯色散的 10 倍,所以范德瓦尔斯相互作用对 Au 原子的吸附起着重要作用。根据 E_{ads} 的定义,这些 E_{ads} 的正值表明,相对于孤立的 Au 原子,这些吸附构型是稳定的。通过 Bader 电荷分析,对于 Au-e、Au-h 和 Au-he 构型,从 Au 到 GO 的电子转移共有 0.017 e、0.044 e、0.03 e。Au 原子与邻近的 O 平面之间的距离分别为 2.68 Å、2.41 Å 和 2.65 Å。少量的转移电荷和大的距离意味着金原子通过弱的物理吸附作用与氧化石墨烯结合,这可能是与金原子或 Pd-Au 合金簇在石墨烯上的吸附相比,吸附能量较小的原因[53-55]。

为了描述单个金原子吸附在 GO 上时的电荷重新分配情况,根据以下公式笔者计算了电荷差分密度 CDD:

$$\Delta\rho = \rho(GO+Au) - \rho_{GO} - \rho_{Au} \qquad (3.2)$$

其中 ρ_{GO+Au} 是整个吸附系统的电荷密度,ρ_{GO} 和 ρ_{Au} 分别代表 GO 和单个 Au 原子的电荷密度。图 3.2(c)、(f)和(i)分别显示了 Au-e、Au-h 和 Au-he 构型中的 CDD。可以发现,电荷从吸附的 Au 原子转移到 GO 中最近邻的 O 原子上。这些结果与 Bader 电荷分析很一致。GO 上的单个 Au 原子可以通过电荷转移而被稳定吸附。由于界面区域的电荷转移,金原子在 GO 上的吸附可能引入表面偶极矩。然后,表面功函数应通过电偶极和界面电荷再分配而改变。笔者根据真空级和费米级之间的能量差，计算了 Au-e、Au-h 和 Au-he 构型的功函数 Φ。根据这个定义，较小的功函数代表较弱的电子结合能力。如表 3.1 所列，吸附 Au 原子后的 GO 的功函数明显小于纯净的 GO 的功函数，这表明 GO 表面活性在吸附 Au 原子后得到增强。此外，金原子的吸附导致功函数降低，也表明金原子的电荷转移到了 GO 上，这与 Bader 电荷分析和 CDD 结果一致。

通常利用 Fukui 函数的计算结果了解吸附在氧化物半导体表面金属原子的内在活性[56,57]。在这个工作中，笔者对 Au-GO 的 Fukui 函数进行研究，以研究单 Au 原子的局部反应性。一般来说，对于一个有 N 个电子的系统，Fukui 函数可以根据以下公式得到：

$$F^+(r) = n_{N+1}(r) - n_N(r) \tag{3.3}$$

$$F^-(r) = n_N(r) - n_{N-1}(r) \tag{3.4}$$

其中，n_N、n_{N+1} 和 n_{N-1} 分别代表有 N、N+1 和 N-1 个电子的系统基态密度。它表示随着电子数量的变化，化学势的变化。如图 3.3 所示，Fukui 函数在孤立的金属原子周围高度局域化，特别是 $F^-(r)$ 函数。可以确定的是，吸附在 GO 上的单个金原子被呈现为活跃的还原和氧化位点。它不仅倾向于接纳来自供体物种的电子，而且还倾向于向受体物种捐赠电子。对于典型的光催化分解水反应来说，这意味着光激发的 GO 光催化剂中的光诱导电子可以很容易地通过沉积的单原子转移到目标物种，成为下一步反应的最活跃场所。更重要的是，沉积在 GO 上的金原子可以有效地分离光生的电子-空穴对。因此，单个金原子在介导电荷转移中发挥了重要的作用。

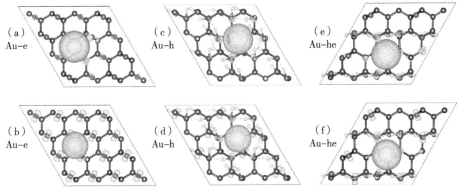

图 3.3　顶部构型显示的是：(a)Au-e，(c)Au-h 和 (e)Au-he 的 Fukui 函数 $F^+(r)$；底部构型显示的是：(b)Au-e，(d)Au-h 和 (f)Au-he 的 Fukui 函数 $F^-(r)$，等表面值为 0.002 e/Å³

　　笔者研究了单金原子吸附对 GO 带隙的影响,因为带隙的大小直接影响了光吸收效率,从而影响光催化过程。首先,笔者分别采用 PBE 函数和 Heyd-Scuseria-Ernzerh(HSE06)[58]混合函数来计算构型 e、h 和 he 的带隙。如表 3.2 所示,所有在 PBE 函数中得到的结果都比 HSE06 杂化函数中得到的结果小。构型 e、h 和 he 由 HSE06 杂化函数计算得到的带隙分别为 4.67 eV、3.65 eV 和 4.40 eV。HSE06 计算的较大带隙值与以前的实验结果[20]很一致。因此,笔者采用 HSE06 杂化函数来研究 Au-GO 的电子结构。图 3.4 显示了用 HSE06 杂化函数计算的纯净的 GO(e、h 和 he)的 TDOS,在费米能级周围没有出现自旋极化,表明所有三种纯净的 GO 构型都是无磁的。

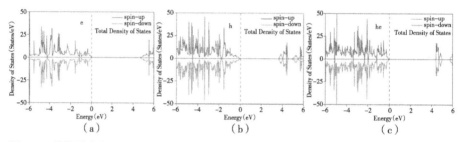

图 3.4　其构型为(a)e,(b)h 和(c)he 的纯净的 GO 的 4×4 超胞的总态密度(TDOS)图;费米能级被设定为零

表 3.2　采用 PBE 和 HSE06 函数计算的 e、h 和 he 构型的带隙(band gap)

Band gap (eV)	*e*	*h*	*he*
PBE	2.73	2.06	2.94
HSE06	4.67	3.65	4.40

　　图 3.5 显示了使用 HSE06 杂化函数计算的构型 Au-e、Au-h 和 Au-he 的 TDOS。结果表明,如图 3.3(a)、(c)和(e)所示,吸附 Au 原子后,在 GO 带隙中引入了一些电子态。这些带隙中的电子态主要由 Au 6s 态组成,分别在图 3.3(b)、(d)和(f)中表示。光产生的电子可以很容易地从 GO 的价带转移到这些带隙内的 Au 6s 电子态。此外,金原子的光生电子也可以转移到 GO 的导电带上。该跃迁能量比光生电子直接从纯净的 GO 价带转移到导电带的能量要小得多。Au 6s 在价带中主要是离域的。应该注意的是,如表 3.1 所示,Au 6s 状态是自旋极化的,并在三种构型中引入磁矩。

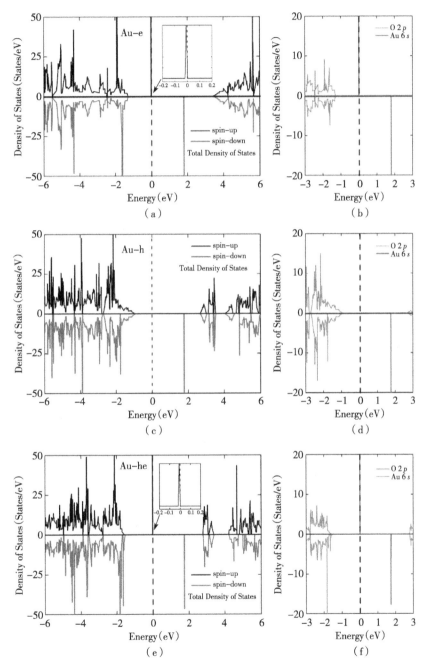

图 3.5　(a)Au-e,(b)Au-e 中的金原子,(c)Au-h,(d)Au-h 中的金原子,(e)Au-he 和(f)Au-he 中的金原子的 TDOS 图,费米能级被设定为 0 eV

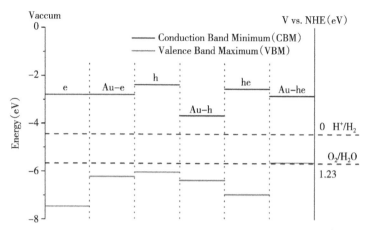

图 3.6 由 HSE06 杂化函数计算的 e、Au-e、h、Au-h、he 和 Au-he 的 VBM 和 CBM 相对于真空能级的电位,真空能级标记为 0 eV;虚线表示 H$^+$ 到 H$_2$ 的还原电位和 H$_2$O 到 O$_2$ 的氧化电位的位置

　　此外,笔者还研究了与纯净的 GO 相比,三种 Au-GO 构型带边电位的变化,如图 3.6 所示。水的氧化(H$_2$O/O$_2$)和还原电位(H$^+$/H$_2$)位于纯净的 GO 体系和吸附单个金原子 GO 体系的 CBM 和 VBM 之间。与纯净的 GO 体系相比,VBM 的电位或多或少地向上移动,特别是对于 Au-e 构型来说,有 1.21 eV 的明显上移。此外,对于 Au-h 和 Au-he 构型,CBM 的电位水平与纯净的 GO 相比有一些下降。吸附了单个 Au 原子 GO 中的 VBM 和 CBM 的缩小将大大提高 GO 吸收光的范围。如图 3.7 所示,笔者通过计算相关的介电函数表征光吸收范围。与纯净 GO 的吸收相比,Au-GO 的首个吸收峰分别有一定红移。因此,单一金属原子的沉积可以通过增强光吸收,使 GO 的光催化分解水效率得到极大的改善。

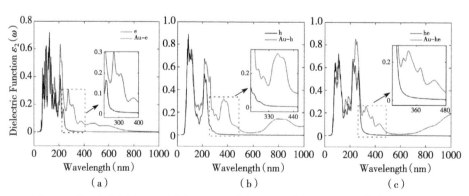

图 3.7 用 HSE06 杂化函数计算的(a)e、Au-e,(b)h、Au-h、(c)he 和 Au-he 的介电函数的虚部

3.4　结论

　　总之,笔者对吸附在 GO 上的单个金原子的电子性能进行了全面的 DFT 研究。笔者的结果表明,大量的电荷从吸附的金原子转移到 GO。相应地,金原子的吸附大大降低了 GO 表面功函数,使得表面向反应物注入电子活性增强。对 Fukui 函数的计算表明,GO 上的 Au 原子可作为活性位点。更重要的是,单个金原子作为光生电子的捕获中心,发挥了使电荷从光催化剂转移到目标反应物的作用。孤立的金原子在光催化剂表面的沉积有效地分离了光产生的电子-空穴对。对于 Au-GO 构型,在带隙中引入了一些电子态。这些电子态主要是由 Au 6s 态组成。在带隙态作用下,光生电子更容易从 GO 的价带转移到导电带,这提高了光催化剂的光吸收。此外,由于单个金原子的吸附,GO 中的价带边电位和导带边电位变窄,将大大促进光的吸收。在这项工作中获得的结果可以阐明在实验中观察到的金属负载导致 GO 催化性能增强的原因,以及为改善这种复合材料的光催化性能提供了一条可行道路。

参考文献

［1］ TURNER J A. Sustainable Hydrogen Production[J]. Science,2004,305:972.

［2］ MING H,MING J,OH S-M,et al. High dispersion of TiO_2 nanocrystals within porous carbon improves lithium storage capacity and can be applied batteries to $LiNi_{0.5}Mn_{1.5}O_4$[J]. Journal of Materials Chemistry A,2014,2:18938—18945.

［3］ ZOU Z,YE J,SAYAMA K,et al. Direct splitting of water under visible light irradiation with an oxide semiconductor photocatalyst[J]. Nature,2011,414:625—627.

［4］ PARK J H,KIM S,BARD A J. Novel Carbon-Doped TiO_2 Nanotube Arrays with High Aspect Ratios for Efficient Solar Water Splitting[J]. Nano Letters,2006,6:24—28.

[5] YU J,XIANG Q,ZHOU M. Preparation,characterization and visible-light-driven photocatalytic activity of Fe-doped titania nanorods and first-principles study for electronic structures[J]. Applied Catalysis B: Environmental,2009,90:595—602.

[6] LIU S,YU J,JARONIEC M. Tunable Photocatalytic Selectivity of Hollow TiO_2 Microspheres Composed of Anatase Polyhedra with Exposed {001} Facets[J]. Journal of the American Chemical Society, 2010,132:11914—11916.

[7] ZHANG R,WANG X,YU S,et al. Ternary $NiCo_2P_x$ Nanowires as pH-Universal Electrocatalysts for Highly Efficient Hydrogen Evolutio Reaction[J]. Advanced Materials,2017,29:1605502.

[8] ZHANG S,YANG H,GAO H,et al. One-pot synthesis of CdS irregular nanospheres hybridized with oxygen-incorporated defect-rich MoS_2 ultrathin nanosheets for efficient photocatalytic hydrogen evolution[J]. ACS Applied Materials & Interfaces,2017,9:23635—23646.

[9] ZHANG X,XIE X,WANG H,et al. Enhanced Photoresponsive Ultrathin Graphitic-Phase C_3N_4 Nanosheets for Bioimaging[J]. Journal of the American Chemical Society,2013,135:18—21.

[10] SU D S,ZHANG J,FRANK B,et al. Metal-Free Heterogeneous Catalysis for Sustainable Chemistry[J]. ChemSusChem,2010,3:169—180.

[11] XIAO W,JIN X,CHEN G Z. Up-scalable and controllable electrolyt-icproduction of photo-responsive nanostructured silicon[J]. Journal of Materials Chemistry A,2013,1:10243—10250.

[12] NG C H,WINTHER-JENSEN O,OHLIN C A,et al. Exploration andoptimisation of poly(2,2[prime or minute] -bithiophene)as a stable photo-electrocatalyst for hydrogen production[J]. Journal of Materials Chemistry A,2015,3:11358—11366.

[13] ZHANG S,GAO H,LIU X,et al. Hybrid 0D-2D Nanoheterostructures:In Situ Growth of Amorphous Silver Silicates Dots on $g-C_3N_4$ Nanosheets for Full-Spectrum Photocatalysis[J]. ACS Applied Materials & Interfaces,2016,8:35138—35149.

[14] PARK S,RUOFF R S. Chemical methods for the production of

graphenes[J]. Nature Nanotechnology,2009,4:217—224.

[15] KRISHNAMOORTHY K,MOHAN R,KIM S J. Graphene oxide as a photocatalytic material [J]. Journal of Applied Physics, 2022, 98:244101.

[16] MIN S,LU G. Dye-Sensitized Reduced Graphene OxidePhotocatalysts for Highly Efficient Visible-Light-Driven Water Reduction[J]. Journal of Physical Chemistry Letters,C 2011,115:13938—13945.

[17] YEH T -F,CHAN F -F,HSIEH C -T,et al. Graphite Oxide with Different Oxygenated Levels for Hydrogen and Oxygen Production from Water under Illumination: The Band Positions of Graphite Oxide[J]. Journal of Physical Chemistry Letters C,2011,115:22587—22597.

[18] WANG S,CHIA P —J,CHUA L -L,et al. Band-like Transport in Surface-Functionalized Highly Solution-Processable Graphene Nanosheets [J]. Advanced Materials,2008,20:3440—3446.

[19] LOH K P,BAO Q,EDA G,et al. Graphene oxide as a chemically tunable platform for optical applications[J]. Nature Chemistry,2010,2: 1015—1024.

[20] YEH T-F,SYU J -M,CHENG C,et al. Graphite Oxide as a Photocatalyst for Hydrogen Production from Water[J]. Advanced Functional Materials,2010,20:2255—2262.

[21] WANG L,SUN Y Y,LEE K,et al. Stability of graphene oxide phases from first-principles calculations [J]. Physical Review B, 2010, 82:161406.

[22] BOUKHVALOV D W, KATSNELSON M I. Modeling of Graphite Oxide[J]. Journal of the American Chemical Society,2008,130:10697 —10701.

[23] YOU X,CHEN F,ZHANG J,et al. A novel deposition precipitation method for preparation of Ag-loaded titanium dioxide[J]. ACS Catalysis,2005,102:247—250.

[24] WANG P,HUANG B,QIN X,et al. Ag@AgCl:A Highly Efficient and Stable Photocatalyst Active under Visible Light[J]. Angewandte Chemie-International Edition,2008,47:7931—7933.

[25] ZHAO G,SUN Y,ZHOU W,et al. Superior Photocatalytic H_2 Production with Cocatalytic Co/Ni Species Anchored on Sulfide Semiconductor[J]. Advanced Materials,2017:1703258.

[26] MATEO D,ESTEVE-ADELL I,ALBERO J,et al. 111 orientedld nanoplatelets on multilayer graphene as visible light photocatalyst for overall water splitting[J]. Nature Communications,2016,7:11819.

[27] REMEDIAKIS I N,LOPEZ N,NØRSKOV J K. CO Oxidation on Rutile-Supported Au Nanoparticles[J]. Angewandte Chemie-International Edition,2005,44:1824—1826.

[28] HARUTA M. Size- and support-dependency in the catalysis of ld[J]. Catalysis Today,1997,36:153—166.

[29] CHEN M S,ODMAN D W. The Structure of Catalytically Active ld on Titania[J]. Science,2004,306:252.

[30] FLYTZANI-STEPHANOPOULOS M,GATES B C. Atomically Dispersed Supported Metal Catalysts[J]. Annual Review of Chemical and Biomolecular Engineering,2012,3:545—574.

[31] ZHANG C,LIU F,ZHAI Y,et al. Alkali-Metal-Promoted Pt/TiO_2 Opens a More Efficient Pathway to Formaldehyde Oxidation at Ambient Temperatures [J]. Angewandte Chemie-International Edition, 2012,51:9628—9632.

[32] HUANG Z,GU X,CAO Q,et al. Catalytically Active Single-Atom Sites Fabricated from Silver Particles[J]. Angewandte Chemie-International Edition,2012,124:4274—4279.

[33] YANG M,ALLARD L F. Flytzani-Stephanopoulos M,Atomically Dispersed Au-$(OH)_x$ Species Bound on Titania Catalyze the Low-Temperature Water-Gas Shift Reaction[J]. Journal of the American Chemical Society,2013,135:3768—3771.

[34] ZHANG X,SHI H,XU B-Q. Catalysis by ld:Isolated Surface Au^{3+} Ions are Active Sites for Selective Hydrogenation of 1,3-Butadiene over Au/ZrO_2 Catalysts[J]. Angewandte Chemie - International Edition, 2005,4:7132—7135.

[35] XING J,CHEN J F,LI Y H,et al. Stable Isolated Metal Atoms as Ac-

tive Sites for Photocatalytic Hydrogen Evolution[J]. Chemistry European Journal,2014,20:2138－2144.

[36] GAO G,JIAO Y,Waclawik E R,et al. Single Atom(Pd/Pt)Supported on Graphitic Carbon Nitride as an Efficient Photocatalyst for Visible-Light Reduction of Carbon Dioxide[J]. Journal of the American Chemical Society,2016,138:6292－6297.

[37] Wei W,Dai Y,Guo M,et al. Au adsorption and Au-mediated charge transfer on the SrO-termination of SrTiO$_3$(001)surface[J]. Applied Surface Science,2011,257:6607－6611.

[38] WEI W,DAI Y,GUO M,et al. Ag-mediated charge transfer from electron-doped SrTiO$_3$ to CO and NO:A first-principles study[J]. Applied Surface Science,2011,605:1331－1335.

[39] WEI W,DAI Y,LAI K,et al. Atomic Cu adsorption on defect-free SrTiO$_3$(001)surface[J]. Chemical Physics Letters,2011,510:104－108.

[40] KRESSE G,FURTHMÜLLER J. Efficient iterative schemes for ab initio total-energy calculations using a plane-wave basis set[J]. Physical Review B:Condensed Matter,1996,54:11169－11186.

[41] KRESSE G,HAFNER J. Ab initio molecular-dynamics for liquid-metals[J]. Physical Review B,1993,47:558－561.

[42] BLÖCHL P E. Projector augmented-wave method[J]. Physical Review B:Condensed Matter,1994,50:17953－17979.

[43] PERDEW J P,Wang Y. Accurate and simple analytic representation of the electron-gas correlation energy[J]. Physical Review B,1992,45:13244－13249.

[44] GRIMME S. Semiempirical GGA-type density functional constructed with a long-range dispersion correction[J]. Journal of Chemical Theory and Computation,2006,27:1787－1799.

[45] MONKHORST H J,PACK J D. Special points for Brillouin-zone integrations[J]. Physical Review B,1976,13:5188－5192.

[46] GRIMME S. Semiempirical GGA-type density functional constructed with a long-range dispersion correction[J]. Journal of Chemical Theory and Computation,2006,27:1787－1799.

[47] NAKAJIMA T, MATSUO Y. Formation process and structure of graphite oxide[J]. Carbon, 1994, 32: 469—475.

[48] LERF A, HE H, FORSTER M, et al. Structure of Graphite Oxide Revisited[J]. Journal of Physical Chemistry Letters. B, 1998, 102: 4477—4482.

[49] HE H, KLINOWSKI J, FORSTER M, et al. A new structural model for graphite oxide[J]. Chemical Physics Letters, 1998, 287: 53—56.

[50] CAI W, PINER R D, STADERMANN F J, et al. Synthesis and Solid-State NMR Structural Characterization of ^{13}C-Labeled Graphite Oxide [J]. Science 2008, 321: 1815.

[51] PANDEY D, REIFENBERGER R, PINER R. Scanning probe microscopy study of exfoliated oxidized graphene sheets[J]. Applied Surface Science, 2008, 602: 1607—1613.

[52] JU L, DAI Y, WEI W, et al. Theoretical study on the photocatalytic properties of graphene oxide with single Au atom adsorption[J]. Applied Surface Science, 2018, 669: 71—78.

[53] VARNS R, STRANGE P. Stability of ld atoms and dimers adsorbed on graphene[J]. Journal of Physics: Condensed Matter, 2008, 20: 225005.

[54] Pulido A, Boronat M, Corma A. Theoretical investigation of ld clusters supported on graphene sheets[J]. New Journal of Chemistry, 2011, 35: 2153—2161.

[55] JI W, ZHANG C, LI F, et al. First-principles study of small Pd-Au alloy clusters on graphene[J]. RSC Advances, 2014, 4: 55781—55789.

[56] MOLINA L M, ALONSO J A. Chemical Properties of Small Au Clusters: An Analysis of the Local Site Reactivity[J]. Journal of Physical Chemistry Letters C, 2007, 111: 6668—6677.

[57] AYERS P W, PARR R G. Variational Principles for Describing Chemical Reactions: The Fukui Function and Chemical Hardness Revisited [J]. Journal of the American Chemical Society, 2000, 122: 2010—2018.

[58] HEYD J, SCUSERIA G E, ERNZERHOF M. Hybrid functionals based on a screened Coulomb potential[J]. Journal of Chemical Physics, 2003, 18: 8207—8215.

第四章 硫化镉纳米管光催化性能的理论研究

概述

最近,通过理论计算,有科研人员提出了二维(2D)稳定的 CdS 单层具有显著可见光光催化分解水的活性。由于一维(one dimensional,1D)纳米管的特殊形态,探索 CdS 纳米管(CdS nanotubes,CSNTs)的光催化活性也很有意义。在本研究中,笔者设计了外径在 $5.2 \sim 19.2$ Å 范围内的 CSNTs 的原子模型,并通过密度泛函理论研究其基本特性。研究表明,当直径超过 6.4 Å 时,CSNTs 具有负的应变能量,表明它们可能由二维 CdS 纳米片折叠而成。此外,所有的 CSNTs 都是直接能隙半导体,并且随着外径的增加,能隙单调地增加。可调控的带隙为纳米结构,对 CSNTs 电子特性的有效性提供了有力的证据。与 Zigzag 形 CSNTs 相比,Armchair 形 CSNTs 的能隙值变小,表明其对光的吸收更好。由于其完美的带隙和光催化活动的带能,CSNTs 在可见光光催化裂解水方面具有潜在的应用。由于其更好的光氧化能力和更小的空穴有效质量,CSNTs 是比其平面形式更有希望在 Z 型系统中进行 OER 的光催化材料。此外,设计的 CdS 纳米管-平面(CSNTP)异维结可能是一种直接的 Z-scheme 光催化剂。在界面区域观察到电子转移,这诱发了一个内部电场,有效地促进了界面上电荷载流子的分离,减少了重组的概率。这项工作进一步解释了关于设计和改进潜在的高效光催化剂以实现整体分解水的先进策略。

4.1 研究背景

在 Iijima 成功地合成了碳纳米管之后[1]。由于一维纳米结构材料的新特性和在光学、电子学、催化剂、纳米力学和纳米设备中的潜在应用,人们对一维纳米结构材料的制造给予了极大关注[2-6]。毋庸置疑,一维纳米结构材料是当今材料科学中最重要的课题。然而,一维纳米管的制备始终是一个困难的问题,因此,纳米管具有低的形成能量也是非常重要的,通常以应变能量代替。

由于 CdS 在室温下具有典型的宽带隙(2.42 eV)Ⅱ-Ⅵ半导体特性,它在非线性光学材料、发光二极管、太阳能电池、电子和光电器件方面有着广泛的应用。特别是,不同类型的 CdS 已经被合成,以调整其价带和导带位置,用于光催化制氢[7-9]。最近,利用最先进的理论计算,提出了具有三种不同构象(平面、扭曲和弯曲)的二维稳定 CdS 单层片[10]。有趣的是,他们发现扭曲和屈曲相比平面 CdS 薄片更稳定 0.0405 eV/atom 和 0.0403 eV/atom,这意味着将 CdS 单层卷成纳米管的应变能量很低。通过独立的单层尚待分离,Zhang 等通过超声诱导的水溶液剥离法合成了厚度为 4nm 的超薄 CdS 纳米片,并证明超薄 CdS 显示出显著的可见光光催化活性和良好的产氢稳定性[11]。因此,笔者有理由期待它们的管状形态也会有类似的独特性能。事实上,多壁六方 CSNT 已经通过模板介导的技术被合成出来[12,13]。Ling 等研究表明,由 CSNTs 组成的太阳能电池由于具有更高的短路电流和填充因子,可以实现更高的整体转换效率[14]。此外,也有一些关于 CSNTs 的理论研究[15-17]。然而,由于 PBE 计算的带隙被低估,目前仍缺乏对 CSNTs 的光催化分解水活性的全面理论研究。在这项工作中,笔者对具有不同手性类型和直径的 CSNTs 的结构和电子特性进行了第一原理计算。在电子结构和带状图分析的基础上,揭示了 CSNTs 的光还原和光氧化活性,这可能为设计基于CSNTs 的潜在的高效光催化剂提供依据。此外,当应用紫外辐照技术合成具有球形、盘状和线状形态的 CdS 纳米晶时,发现一些纳米管共存于 CdS 纳米片中,表明通过合适的技术制造 CdS 纳米管-平面(CSNTP)异维结是可能的[18]。在笔者论文的后半部分,由 CdS 单层和(4,4)纳米管构建的 CSNTP 异维结被证明有可能成为可见光照射下的直接 Z-scheme 型光催化系统。

4.2　研究方法

笔者的计算是基于 DFT 进行的,使用的是 VASP 软件[19,20]。交换相关能由 PBE 提出的 GGA 来描述[21]。电子与离子的相互作用由 PAW 描述[22,23]。为了避免 PBE 计算中对带隙的低估,电子结构采用 HSE06 混合函

数计算[24]。采用 PBE＋D2(D 代表色散)方法和 Grimme vdW 校正来描述长程 vdW 相互作用[25]。由于不对称层的排列,采用了偶极子校正。周期性边界条件沿 Z 方向应用,在 X 和 Y 方向都使用超过 15 Å 的大间距,这足以避免纳米管和其镜像之间的相互作用。管轴沿 Z 方向设置,晶格参数 c_0 可定义为沿 Z 轴的单元格长度。对于 500 eV 的平面波截止,总能量被收敛到优于 10 meV。对于平面 CdS,布里渊区分别用 $12\times12\times3$ 和 $36\times36\times9$ 的伽马包 K 点网格进行采样,用于几何优化和密度状态计算,而对于管状 CdS,布里渊区分别用 $1\times1\times10$ 和 $1\times1\times30$ 进行采样。对于几何形状的放松,笔者采用共轭梯度能量最小化的方法,能量的收敛标准是两个连续步骤之间的 10^{-5} eV。离子松弛时施加在每个原子上的最大力小于 0.02 eV/Å,如图 4.1 所示。二维平面原子 CdS 片的基向量是 u 和 v,手性向量表示为 $C=mu+nv$。如果这个片子被折叠成管状结构,以 C 为周长,笔者得到一个外径 $D=|C|/\pi$ 的纳米管,这个管子被指定为 CdS(m,n)。根据 m 和 n 的值,一个纳米管可能是 Armchair 形或 Zigzag 形的。另一方面,如果 m 或 $n=0$,它被称为 Zigzag 形。Armchair 形和 Zigzag 形的手性矢量显示在图 4.1 中。在这里,笔者重点关注 Zigzag 形和 Armchair 形的 CdS 纳米管,其手性从 3 到 8[(3,0)~(8,0) 和 (3,3)~(8,8)]变化。根据以前的研究,应变能被纳入考虑范围以取代形成能[26]。硫化镉纳米管(CSNT)单元应变能的公式被定义为:

$$E_{st}=E_{tot}(CSNT)/N(CdS)-E_{tot}(monolayer) \qquad (4.1)$$

其中 $E_{tot}(CSNT)$ 是 CdS 纳米管的能量,$E_{tot}(monolayer)$ 是每个平面 CdS 单元格的能量。$N(CdS)$ 是相应纳米管中 CdS 单元格的数量。因此,E_{st} 是 CSNTs 的每个 CdS 单元包裹在纳米片上所需的额外能量,在此定义下,较低的 E_{st} 值意味着 CdS 纳米管的稳定性较高。

4.3　研究结果与讨论

4.3.1　六角形平面 CdS 单层

在构建纳米管之前,首先检查了六边形平面 CdS 单层的结构和电子特性。由两个原子(Cd＝1 和 S＝1)组成的 CdS 单层的六边形单元格是由 CdS

的伍兹体相的(001)面构建的[27]。这相当于锌闪石相的(111)平面[28]。结构优化之后的 CdS 单层片[图 4.1(a)]具有类似石墨烯的平面蜂窝结构[29,30]。每个 Cd 原子被三个相邻的 S 原子所包围,反之亦然。与块状的 CdS 结构($a=b=4.13$ Å)相比,平面片的晶格参数($a=b=4.26$ Å)被拉长了。Cd-S 键的长度(2.46 Å)比块状结构中的 Cd-S 键长度(2.51 Å)短 0.05 Å。Cd-S 单层的化学键是一个典型的离子键,这可以从它的电子密度图中了解到[图 4.2(d)]。如图 4.3 所示,CdS 单层是一种半导体,其直接带隙为 2.74 eV,比块状 CdS 的带隙(2.50 eV)高 0.24 eV。VBM 和 CBM 都位于该点上。笔者计算了初始态的 CdS 单层的部分态密度(PDOS),结果显示在图 4.2(a)中。在初始态的 CdS 单层中,CBM 主要由 Cd 5s 态组成,并由 S 3s 态轻微组成。VBM 主要由 S 3p 态组成,Cd 4p 和 4d 态略有贡献。计算出的 CdS 单层的结构和电子特性都与以前计算得到的结果一致[10]。

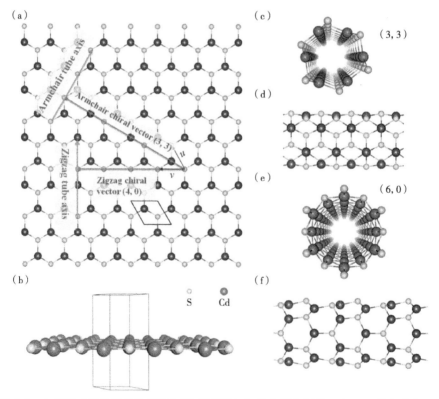

图 4.1 六角形 CdS 单层的俯视图(a)和侧视图(b);基向量分别为 u 和 v,手性向量为 $C=mu+nv$;CdS 的单元格显示在黑框内。完全优化后,Armchair 形(3,3)CSNT 的俯视图(c)和侧视图(d),以及 Zigzag 形(6,0)CSNT 的俯视图(e)和侧视图(f)

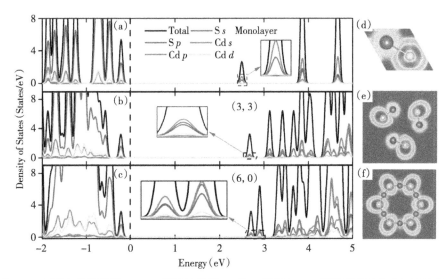

图 4.2 不同条件下使用 HSE06 函数计算的 Cd 和 S 原子在 CdS 平面单层(a)、(3,3)纳米管(b)和(6,0)纳米管(c)的 PDOS,竖线是费米水平;CdS 平面单层(d)、(3,3)纳米管(e)和(6,0)纳米管(f)中 Cd-S 键的电荷分布图(ELF)

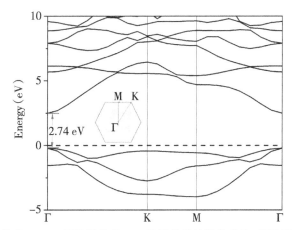

图 4.3 使用 HSE06 函数计算的 CdS 平面单层的能带结构;插图是布里渊区

4.3.2 CdS 纳米管

几何和电子结构

如前所述,平面的 CdS 片最初是用来形成 CSNTs 的。然而,如图 4.1(c)—

(f)所示,CSNTs 在几何形状优化弛豫后最终呈现出波纹状结构。如图 4.4 所示,笔者以厚度($d=R_o-R_i$,R_o 和 R_i 分别是 CSNTs 的外部和内部半径)来识别起伏度。用于描述 CSNT 几何结构的外径(D)、沿 Z 轴的周期(c_0)、Cd—S 键长(l)和厚度(d),以及用于相对稳定性的应变能(E_{st}),见表 4.1。对于 Armchair 形 CSNTs 来说,c_0 迅速收敛到一个 4.20 Å 左右的值,而对于 Zigzag 形 CSNTs 来说,c_0 在不同情况下是不同的。这可以通过引入沿 z 方向的弹性模量(k)来轻松解释,它将能量差异(ΔE)与晶格常数(Δx)的差异联系起来,其定义为:

$$\Delta E = \left(\frac{1}{2}k\,\Delta x^2\right) \tag{4.2}$$

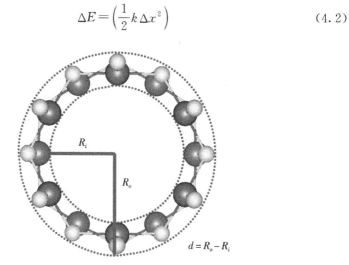

图 4.4 (8,0)CSNT 的俯视图;厚度($d=R_o-R_i$,R_o 和 R_i 分别是 CSNT 的外部和内部半径)是指 CSNT 表层的起伏度

如图 4.5 所示,笔者构建了 CdS 的矩形单元格($a=4.26$ Å,$b=7.38$ Å),通过沿臂轴进行变形,然后环绕它,可以得到一个 Zigzag 形的 CSNT。当扭曲和包裹的轴线变为 Armchair 方向时,笔者可以得到一个 Zigzag 形的 CSNT。如图 4.2(b)所示,能量曲线(分别以 4.26 Å 和 7.38 Å 作为 Armchair 方向和 Zigzag 方向的平衡长度)表明,沿 Armchair 方向的弹性模量(2.89 eVÅ^{-2})大于沿 Zigzag 形的弹性模量(0.97 eVÅ^{-2}),这意味着 Armchair 方向的变形比 Zigzag 形方向的变形更具刚性。此外,如表 4.1 所示,随着直径的增加,Cd—S 键的长度(l)和厚度(d)在 Armchair 形和 Zigzag 形 CSNTs 中都有所减少,这表明直径较小的管子有较大的波纹,而波纹可以诱发 Cd—S 键长度的增加。因此,CSNTs 的所有 Cd—S 键长度都大于平面

CdS 单层的 Cd—S 键长度,这可以看作是一个直径无限的管子。如图 4.2(e)和(f)所示,笔者分别展示了(3,3)和(6,0)CSNTs 的 Cd—S 键的 *ELFs* 图像。该键的特性与平面单层中的 Cd—S 键相同,电子电荷集中在 S 原子周围。因此,笔者可以定性地得出结论,CSNTs 中的键仍然是离子键。这进一步证明了在实验中合成 CSNTs 的可行性。

表 4.1　CSNTs 的直径 $D(\mathring{A})$,晶格参数 $c_0(\mathring{A})$,Cd—S 键长度 $l(\mathring{A})$ 和壁厚 $d(\mathring{A})$

手性	D	c_0	l	d
(3, 0)	5.186	6.684	2.510	0.623
(4, 0)	6.369	6.890	2.498	0.595
(5, 0)	7.603	7.008	2.491	0.552
(6, 0)	8.876	7.078	2.486	0.516
(7, 0)	10.179	7.119	2.483	0.500
(8, 0)	11.462	7.174	2.480	0.453
(3, 3)	7.739	4.128	2.483	0.557
(4, 4)	9.994	4.155	2.478	0.488
(5, 5)	12.262	4.177	2.476	0.446
(6, 6)	14.581	4.183	2.472	0.423
(7, 7)	16.856	4.201	2.471	0.385
(8,8)	19.189	4.208	2.470	0.361

如图 4.6 所示,大多数具有皱褶结构的 CSNTs 比平面 CdS 单层的能量低,这与以前的结果一致,即具有皱褶的 CdS 单层比平面的稳定。平面 CdS 单层已被证明不仅在热力学、机械学和动力学上是稳定的,而且可以承受高达 1000K 的温度[10]。因此,CSNTs 在热力学上是稳定的,并且是在室温下制备的,这与以前的多壁六方 CSNT 的实验报告一致[12,32-35]。(3,0) CSNT 的能量比平面纳米片情况下的能量高一点,可能是由于曲率太大。(2,2)CSNT 的应变能量比(3,3)CSNT 的应变能量低 33.93 meV,这也是因为曲率大。当外径值约为 0.75nm 时,在笔者的研究中,Armchair 形(3,3)和 Zigzag 形(6,0) CSNT 的应变能都是最低的,这表明外径为 0.75nm 的 CSNT 最有可能是通过滚动 CdS 单层实验合成出来的。图 4.1(c)—(f)显示了手性指数值为

(3,3)和(6,0)的优化 CSNTs 的俯视图和侧视图。在此,笔者必须指出,到目前为止,CSNTs 的制备大多是模板法,而实验中制备的 CSNT 样品并不是单壁纳米管,所以目前还没有准确的实验数据来验证笔者的理论结果。

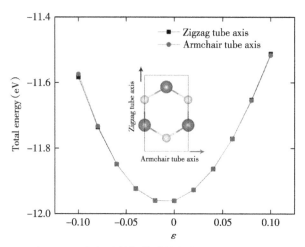

图 4.5 沿 Armchair 和 Zigzag 方向线性扫描的能量曲线;插图显示了 CdS 的矩形单元格

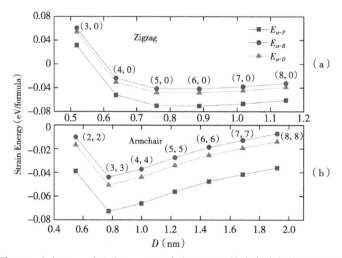

图 4.6 (a)Zigzag 和(b)Armchair 方向 CSNTs 的应变能与外径的关系

如图 4.7 所示,所有的 Zigzag 形和 Armchair 形 CSNTs 都是直接能隙半导体。CSNTs 的 VBM 和 CBM 都位于点上。作为一个例子,笔者计算了(3,3)和(6,0)CSNTs 的 PDOS,并分别在图 4.2(b)和(c)中显示结果。看来,CSNT 的 PDOS 并没有受到管子结构的明显影响。在(3,3)和(6,0)CSNTs 中,CBM 主要由 Cd 5s 态组成,并略微由 S 3s 和 3p 态组成。VBM 主要由 S 3p

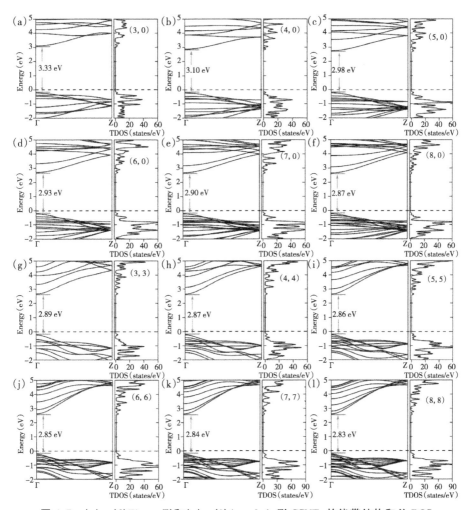

图 4.7　(a)—(f)Zigzag 形和(g)—(l)Armchair 形 CSNTs 的能带结构和总 DOS

态组成,Cd 4d 和 4p 态也有一些贡献。如图 4.8(a)所示,随着外径的减小,
Armchair 形和 Zigzag 形 CSNTs 的能隙都单调地增加。Zigzag 形 CSNTs 的
计算能隙从 3.33 eV 到 2.87 eV 不等,Armchair 形 CSNTs 从 2.89 eV 到
2.83 eV 不等。这些值似乎在平面 CdS 单层的带隙值(2.74 eV)处趋于一致,
这与这两种类型的 CSNTs 在无限大的直径下应该具有相同特性这一共识是
一致的。此外,除了(3,3)CSNT,在笔者的案例中,Armchair 形 CSNT 的能
隙值原来总是小于 Zigzag 形 CSNT,这表明 Armchair 形 CSNT 可能比
Zigzag 形 CSNT 有更多的光吸收。因此,测量 CSNTs 的带隙可能是估计管
子外径的一个有效方法。更重要的是,这种有价值的特性使得通过改变管子

的外径就可以根据需要生产出具有特定带隙值的 CSNTs，这在半导体工业中非
常有用。正如笔者之前所讨论的，电子特性随直径的变化也可能与 CdS 单元的
几何扭曲和片状包裹的曲率综合影响有关。因此，笔者把 CSNTs 的厚度作为数
据分析的另一个参数。如图 4.8(b)所示，带隙和厚度之间有明显的相关性，带
隙随着厚度的增加而单调地增加。很明显，单个构件的变形越大，带隙就越大。

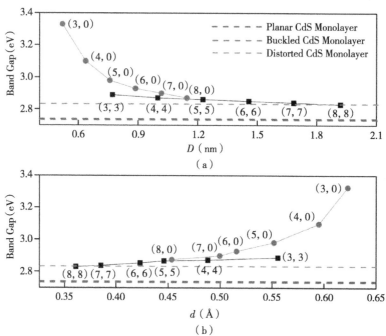

图 4.8 带隙与 CSNTs 的(a)外径和(b)厚度的关系；虚线代表不同类型的六角形平面 CdS
单层的带隙

能带对齐

一般来说，一个好的光催化剂不仅需要一个合适的带隙，还需要价带
(VB)和导带(CB)的合适位置。图 4.9 中显示了相对于真空能级，CSNTs 和
平面 CdS 单层的带边电位。平面 CdS 单层的 CBM 和 VBM 相对于真空度为
-3.58 eV 和 -6.32 eV。它们大大超过了 H^+/H_2 的标准还原电位(相对于真
空度为 -4.44 eV)和 O_2/H_2O 的标准氧化电位(相对于真空度为 -5.67 eV)，根
据以前的理论结果，这确定了平面 CdS 单层在分解水方面的应用[10]。与单层
相似，Armchair 形和 Zigzag 形 CSNTs 的 VBM 值都比 O_2/H_2O 的氧化电位
的能级低得多，而 CBM 值则比 H^+/H_2 的还原电位的能级高。这些数据表
明，CSNTs 在分解水方面也有潜在的应用。

最近,CdS 纳米粒子被用作 Z-scheme 系统中 OER 的光催化剂,如掺硫的 g-C$_3$N$_4$/Au/CdS[36]和 Fe$_2$V$_4$O$_{13}$/RGO/CdS[37]。据观察,CdS 单层的价带边缘比 CdS 体的价带边缘更稳定,这将促进空穴转移过程,减少电子-空穴的重组[10]。从图 4.9 中笔者可以清楚地发现,两种类型的 CSNTs 的 VBM 甚至低于平面 CdS 单层的 VBM,这表明 CSNTs 会比单层有更好的光氧化活性。众所周知,空穴转移对于提高 CdS 基光催化剂的效率非常重要[38]。空穴的有效质量可以对沿特定方向转移空穴的能力进行定量描述。在光催化过程中,有效质量越小,空穴就越容易转移到反应部位。空穴的有效质量(m_h^*)是通过对 CSNTs 的 VBM 进行抛物线函数拟合来研究的,根据以下公式计算:

$$m_h^* = -\hbar^2 \left(\frac{d^2 E_k}{dk^2}\right)^{-1} \tag{4.3}$$

其中 k 是波矢量,E_k 是波矢量 k 对应的能量。为抛物线拟合选择的区域是在 60 meV 的能量差内。笔者把沿 Γ 到 Z 方向 m_h^* 列在表 4.2 中。笔者还计算了平面 CdS 单层沿特定方向的空穴的有效质量,结果表明沿着 M→Γ 方向是重空穴。与平面 CdS 单层的空穴的有效质量($0.732\ m_e$)相比,CSNTs 的空穴的有效质量较小,这意味着它们的空穴传输效率较高。CSNTs 具有更稳定的价带边缘和更小的空穴有效质量的特点,与它的平面片相比,CSNTs 是更有前途的光催化材料,用于 Z 型体系中的 OER。

表 4.2　CdS 纳米管自由电子质量单位中电子和空穴的有效质量,由沿倒数空间的 Z 方向的拟合 CBM 和 VBM 抛物线得到

手性	m_e^*	m_h^*	手性	m_e^*	m_h^*
(3, 0)	0.357	0.473	(3, 3)	0.274	0.274
(4, 0)	0.334	0.340	(4, 4)	0.238	0.251
(5, 0)	0.274	0.273	(5, 5)	0.219	0.240
(6, 0)	0.252	0.243	(6, 6)	0.211	0.231
(7, 0)	0.235	0.226	(7, 7)	0.200	0.234
(8, 0)	0.215	0.210	(8, 8)	0.195	0.233

此外,笔者还估算了平面 CdS 单层和 CSNTs 的电子有效质量的区别(m_e^*),以同样的方式估计平面 CdS 单层和 CSNTs 的有效质量。如表 4.2 所示,CSNTs 的有效质量(m_e^*)都大于单层的有效质量($0.148\ m_e$ 沿着 Γ 到 K,

$0.146\ m_e$ 沿着 M 到 Γ)。这可以合理地解释为,如图 4.2(b)和(c)所示,高度本地化的 Sp 轨道在 CSNTs 的最低传导带中占很大比例,而平面 CdS 单层的最低传导带只包含很少的 Sp 轨道(见图 4.2(a))。因此,笔者不得不承认,较大的电子有效质量加上较差的还原能力(如图 4.9 所示),CSNTs 的氢气演化效率低于平面 CdS 单层。

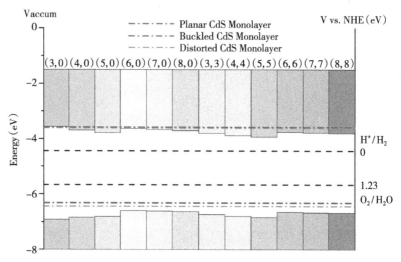

图 4.9 通过 HSE 函数计算的 Zigzag 形和 Armchair 形 CSNTs 的 VBM 和 CBM 相对于真空水平的带边电位;真空能级被标记为 0 eV;蓝线代表平面 CdS 单层的 VBM 和 CBM;黑色虚线表示 H⁺ 到 H₂ 的还原电位和 H₂O 到 O₂ 的氧化电位的位置

4.3.3 CdS 纳米管–平面异质结

如图 4.9 所示,带边电位图表明,通过构建 CSNTP 异维结可以自然地延长光生电子–空穴的寿命,它可能具有 Ⅱ 型带状排列结构。光生电子和空穴将在空间中有效分离,因此重组率将减少。考虑到较小的应变能和较高的氧化活性等因素,笔者最终选择了(4,4)CSNT 来匹配平面 CdS 单层,形成 CSNTP 异维结。图 4.10(a)和(b)分别显示了 CSNTP 异维结优化结构的俯视图和侧视图。在平面 CdS 单层的接触位置上有一个微观的变形。(4,4)CSNT 和平面 CdS 单层之间的垂直间隔约为 4.156 Å,结合能(E_b)计算如下:

$$E_b = E_{tot}(CSNTP) - E(CSNT) - E_{tot}(monolayer) \qquad (4.4)$$

其中 E_{tot}(CSNTP)，E_{tot}(CSNT) 和 E_{tot}(monolayer)分别是 CSNTP 异维结，(4,4)CSNT 和平面 CdS 单层的能量。根据这个定义，较大的 E_b 值代表了较强的界面结合。DFT 计算显示，CSNTP 异维结的每个原子的结合能相应较小，为 38.79 meV。CSNTP 异维结的结合能大于双层石墨烯的结合能，通过 vdW 校正的 DFT-D 方法预测的结合能为每原子 27.08 meV[39]。分子动力学模拟证明，在室温下，双层石墨烯在水中是稳定的，石墨烯剥离的能量屏障约为 2.0 eV nm^{-2}[40]。因此，这种 vdW 异维结在水中应该是稳定的。

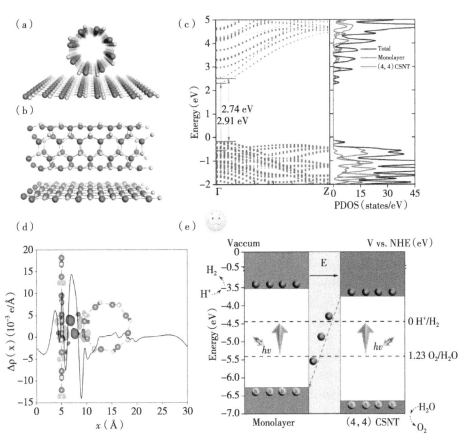

图 4.10　优化的 CSNTP 异维结的顶部(a)和侧面(b)视图；(c)使用 HSE06 函数计算的 CSNTP 异维结的带状结构(左)和 PDOS(右)。费米水平被设置为零；(d)CSNTP 异维结沿垂直方向的平面积分电子密度差。插入部分表示 CSNTP 异维结的电子密度差的三维等值面；(e) 通过 HSE06 函数计算的 CdS 单层和(4,4)CSNT 的分区带边位置。H$^+$/H$_2$ 和 H$_2$O/O$_2$ 的氧化还原电位用黑线表示

图 4.10(c)(左)显示了通过混合函数计算出的带状结构。这表明，

CSNTP 异维结是一个具有 eV 直接带隙的 2.54 半导体。CdS 单层的 CBM 高于 CSNTs，而 CSNTs 的 VBM 低于 CdS 单层的 VBM，表明 CSNTP 异维结具有典型的 Ⅱ 型带状排列结构。这一结果与图 4.10(c)(右)所示的 PDOS 一致。从分区带缘排列来看，(4，4)CSNT 和单层的带隙分别为 2.76 eV 和 2.91 eV，这意味着它们都可以被可见光照射所激发。与隔离的类似，它们的 CBM 和 VBM 都位于点 Γ。

通过比较 CdS 单层和(4，4)CSNT 的分区带边电位与 H^+/H_2 和 H_2O/O_2 的氧化还原电位，评估了 CSNTP 异维结的光催化分解水活性。如图 4.10(e)所示，CdS 单层和(4，4)CSNT 的 CBM 电位分别比 H^+/H_2 的还原电位高 0.92 eV 和 0.70 eV，而 VBM 的电位比 H_2O/O_2 的氧化电位低 0.61 eV 和 0.98 eV，揭示了它们对 HER 和 OER 的活性。此外，(4，4)CSNT 的 CBM 的电位比 CdS 单层的 VBM 的电位高近 1.31 eV，意味着载流子有可能在(4，4)CSNT 的 CB 和 CdS 单层的 VB 之间迁移。因此，CSNTP 异维结是一种潜在的具有可见光活性的 Z-scheme 光催化剂。CdS 单层和(4，4)CSNT 之间的界面是干净的，接触良好，所以载流子的迁移可能是由 CdS 单层的 VBM 和(4，4)CSNT 之间的电位偏移所驱动。通过 Bader 电荷分析预测，共有 0.02 个电子从 CdS 单层转移到(4，4)CSNT。笔者还根据以下公式计算平面积分电子密度差：

$$\Delta\rho = \rho(CSNTP) - \rho(CSNT) - \rho(monolayer) \qquad (4.5)$$

其中 $\rho(CSNTP)$、$\rho(CSNT)$ 和 $\rho(monolayer)$ 分别是 CSNTP 异维结、CdS 单层和(4，4)CSNT 的平面平均电子密度，在图 4.10(c)中可以看到界面形成后的电子重新分布。值得注意的是电子重新排列在界面上，这种行为在图 4.10(c)的插图中被直观地揭示出来。空穴聚集在靠近 CdS 单层的区域，而电子聚集在靠近(4，4)CSNT 的区域。CSNTP 异维结中层间的电荷转移过程是诱发内部电场的主要原因。这个内部电场，从 CdS 单层指向(4，4)CSNT，垂直于异质结。如图 4.10(e)所示，当 CSNTP 异质结被可见光照射时，电子从 CdS 单层和(4，4)CSNT 的 VB 被光激发到 CB。为了将水分解成 H_2 和 O_2，CdS 单层 CB 中的光激发电子应将 H^+ 还原成 H_2，而(4，4)CSNT 的 VB 中的光产生的空穴应将水氧化成 O_2，然而，一些电子-空穴对在进行 HER 或 OER 之前又重新结合。由于 HER 和 OER 的进行，剩余的电子和空穴将分别聚集在(4，4)CSNT 的 CB 和 CdS 单层的 VB 中。这种内部电场增强了 CdS 单层的 VB 和(4，4)CSNT 的 CB 之间有利的载流子迁移过程。同时，它有效地防止了不利的光激发电子从 CdS 单层的 CB 迁移到(4，4)CSNT 的

CB,以及光产生的空穴从(4,4)CSNT 的 VB 迁移到 CdS 单层的 VB。因此,所设计的 CSNTP 异维结可以是一个直接的 Z 型光催化剂,位于两层之间的内部电场使各层的光生电子和空穴产生了良好的分离,从而有效地降低了电子和空穴的重组概率,保证整体高效的分解水的光催化活性。对于 CSNTP 异维结,直接 Z-scheme 系统的光催化机制与 $MoSe_2/HfS_2$ 纳米复合材料[41] 和 g-C_3N_4/TiO_2 异质结构[42]中的机制相似。

4.4　结论

综上所述,笔者对单壁硫化镉纳米管的几何、能量和电子特性进行了第一性原理计算,探索其光催化活性。除(3,0)CSNT 外,具有波纹结构的 CSNT 的能量低于平面的 CdS 单层,显示了纳米管的稳定性。由于应变能量最低,外径为 0.75nm 的 CSNT 最有可能是通过滚动单层实验合成的。所有的 CSNTs 都是直接能隙半导体。CSNTs 的 VBM 和 CBM 都位于点上,随着外径的增加,能隙单调地增加。此外,除了(3,3)CSNT,在笔者的案例中,Armchair 形 CSNT 的能隙值原来总是比 Zigzag 形 CSNT 的小,这表明 Armchair 形 CSNT 可能比 Zigzag 形 CSNT 有更多的光吸收。与 CdS 单层相似,CSNTs 在可见光光催化方面也有潜在的应用,因为它们具有完美的带隙和光催化活动的带能量。此外,由于 CSNTs 具有更好的光氧化能力和更小的空穴有效质量,与它的平面片相比,CSNTs 是更有希望在 Z 型系统中进行 OER 的光催化材料。值得注意的是,设计的 CSNTP 异维结可以直接成为 Z-scheme 光催化剂。CdS 单层和(4,4)CSNT 分别作为 HER 和 OER 的光催化剂。在界面区域观察到电子转移,这诱发了一个从单层指向(4,4)CSNT 的内部电场。这个内部电场可以促进电荷载流子在界面上的分离,有效地减少了重组的概率。因此,开发由 CdS 纳米管和单层形成的直接 Z-scheme 光催化剂是一种很有前途的整体分解水制氢的方法。

参考文献

[1] IIJIMA S,ICHIHASHI T. Single-shell carbon nanotubes of 1-nm di-

ameter[J]. Nature,1993,364(6430):737.

[2] DAI H,WONG E W,LU Y Z,et al. Synthesis and characterization of carbide nanorods[J]. Nature,1995,375:769.

[3] HAN W,FAN S,LIQ,et al. Synthesis of gallium nitride nanorods through a carbon nanotube-confined reaction[J]. Science, 1997, 277 (5330):1287—1289.

[4] FUHRER M S,NYGARD J,SHIH L,et al. Crossed Nanotube Junctions[J]. Science,2000,288(5465):494—497.

[5] HONE J,BATLOGG B,BENES Z,et al. Thermal properties of carbon nanotubes and nanotube-based materials[J]. Applied Physics A:Materials Science & Processing,2002,74(3):339—343.

[6] KONG J,FRANKLIN N R,ZHOU C,et al. Nanotube Molecular Wires as Chemical Sensors[J]. Science,2000,287(5453):622—625.

[7] IWASHINA K,IWASE A,NG Y H,et al. Z-schematic water splitting into H_2 and O_2 using metal sulfide as a hydrogen-evolving photocatalyst and reduced graphene oxide as a solid-state electron mediator[J]. Journal of the American Chemical Society,2015,137(2):604—607.

[8] ISMAIL A A,BAHNEMANN D W. Photochemical splitting of water for hydrogen production by photocatalysis:A review[J]. Solar Energy Materials and Solar Cells,2014,128:85—101.

[9] KHAN Z,CHETIA T R,VARDHAMAN A K,et al. Visible light assisted photocatalytic hydrogen generation and organic dye degradation by CdS-metal oxide hybrids in presence of graphene oxide[J]. RSC Advances,2012,2(32):12122—12128.

[10] GARG P,KUMAR S,CHOUDHURI I,et al. Hexagonal Planar CdS Monolayer Sheet for Visible Light Photocatalysis[J]. Journal of Physical Chemistry C,2016,120(13):7052—7060.

[11] XU Y,ZHAO W,XU R,et al. Synthesis of ultrathin CdS nanosheets as efficient visible-light-driven water splitting photocatalysts for hydrogen evolution[J]. Chemical Communications,2013,49(84):9803—9805.

[12] XIONG Y,XIE Y,YANG J,et al. In situ micelle-template-interface reaction route to CdS nanotubes and nanowires[J]. Journal of Materials

Chemistry,2002,12(12):3712—3716.

[13] RAO C N R,GOVINDARAJ A,DEEPAK F L,et al. Surfactant-assis-
ted synthesis of semiconductor nanotubes and nanowires[J]. Applied
Physics Letters,2001,78(13):1853—1855.

[14] TAO L,MINGKE W,XIWEN D. Template synthesis and photovoltaic
application of CdS nanotube arrays[J]. Semiconductor Science and
Technology,2012,27(5):634—638.

[15] DAS M,GUPTA B C. Structural and electrical properties of armchair
CdS nanotubes[J]. Journal of Applied Physics,2014,115(21):56—66.

[16] DAS M,MUKHERJEE P,CHOWDHURY S,et al. Tunable structural
and electrical properties of zigzag CdS nanotubes:A density functional
study[J]. Physica Status Solidi B:Basic Solid State Physics,2017,254
(9):1700038.

[17] HUSAIN M M. Computation of structural and electronic properties of
single-wall II-VI compound nanotubes[J]. Physical Review E,2009,41
(7):1329—1337.

[18] MO X,WANG C Y,YOU M,et al. A novel ultraviolet-irradiation
route to CdS nanocrystallites with different morphologies[J]. Materi-
als Research Bulletin,2001,36(13/14):2277—2282.

[19] KRESSE G,FURTHMÜLLER J. Efficient Iterative Schemes for Ab
Initio Total-Energy Calculations Using a Plane-Wave Basis Set[J].
Physical Review B,1996,54:11169.

[20] KRESSE G,FURTHMÜLLER J. Efficiency of ab-initio total energy
calculations for metals and semiconductors using a plane-wave basis set
[J]. Computational Materials Science,1996,6(1):15—50.

[21] PERDEW J P,BURKE K,ERNZERHOF M. Generalized Gradient Ap-
proximation Made Simple[J]. Physical Review Letters,1998,77(18):
3865—3868.

[22] BLÖCHL P B. Projector augmented-wave method[J]. Physical Review
B,1994,50:17953—17979.

[23] KRESSE G,JOUBERT D. From ultrasoft pseudopotentials to the pro-
jector augmented-wave method[J]. Physical Review B,1999,59(3):

1758－1775.

[24] HEYD J,SCUSERIA G E,ERNZERHOF M. Hybrid functionals based on a screened Coulomb potential[J]. Journal of Chemical Physics, 2006,124:8207－8215.

[25] GRIMME S. Semiempirical GGA-type density functional constructed with a long-range dispersion correction[J]. Journal of Computational Chemistry,2010,27(15):1787－1799.

[26] Gao Q,Hu S,Du Y,et al. The origin of the enhanced photocatalytic activity of carbon nitride nanotubes:a first-principles study[J]. Journal of Materials Chemistry,2017,5(10):4827－4834.

[27] LI S,YANG G W. Phase Transition of II-VI Semiconductor Nanocrystals[J]. Journal of Physical Chemistry C,2010,114(35):15054－15060.

[28] ZHOU J,HUANG J,SUMPTER B G,et al. Theoretical Predictions of Freestanding Honeycomb Sheets of Cadmium Chalcogenides[J]. Journal of Physical Chemistry C,2014,118(29):16236－16245.

[29] CASTRO NETO A H,GUINEA F,PERES N M R,et al. The electronic properties of graphene[J]. Reviews of Modern Physics,2007,81(1):109.

[30] SEVINÇLI H,TOPSAKAL M,CIRACI S. Superlattice structures of graphene-based armchair nanoribbons[J]. Physical Review B,2008,78(24):245402.

[31] JU L,DAI Y,WEI W,et al. One-dimensional cadmium sulphide nanotubes for photocatalytic water splitting[J]. Physical Chemistry Chemical Physics,2018,20:1904－1913.

[32] KIM W,SEOL M,KIM H,et al. Freestanding CdS nanotube films as efficient photoanodes for photoelectrochemical cells[J]. Journal of Materials Chemistry A,2013,1(34):9587－9589.

[33] WANG C Z,E Y F,FAN L Z,et al. Directed Assembly of Hierarchical CdS Nanotube Arrays from CdS Nanoparticles:Enhanced Solid State Electro-chemiluminescence in H_2O_2 Solution[J]. Advanced Materials, 2010,19(21):3677－3681.

[34] ZHANG H,MA X,XU J,et al. Synthesis of CdS nanotubes by chemi-cal bath deposition[J]. Journal of Crystal Growth,2004,263(1/4):372−376.

[35] PENG T,YANG H,DAI K,et al. Fabrication and characterization of CdS nanotube arrays in porous anodic aluminum oxide templates[J]. Physical Review Letters,2003,379(5−6):432−436.

[36] LI W,FENG C,DAI S,et al. Fabrication of sulfur-doped g-C$_3$N$_4$/Au/CdS Z-scheme photocatalyst to improve the photocatalytic performance under visible light[J]. Applied Catalysis B:Environmental,2015,168/169:465−471.

[37] LI P,ZHOU Y,LI H,et al. All-solid-state Z-scheme system arrays of Fe$_2$V$_4$O$_{13}$/RGO/CdS for visible light-driving photocatalytic CO$_2$ reduc-tion into renewable hydrocarbon fuel[J]. Chemical Communications,2015,51:800−803.

[38] WU K,DU Y,TANG H,et al. Efficient Extraction of Trapped Holes from Colloidal CdS Nanorods[J]. Journal of the American Chemical Society,2015,137(32):10224−10230.

[39] MOSTAANI E,DRUMMOND N D,FAL'KO V I. Quantum Monte Carlo Calculation of the Binding Energy of Bilayer Graphene[J]. Phys-ical Review Letters,2015,115(11):115501.

[40] YANG P,LIU F. Understanding graphene production by ionic surfac-tant exfoliation:A molecular dynamics simulation study[J]. Journal of Applied Physics,2014,116(1):666−669.

[41] FU C F,LUO Q,LI X,et al. Two-dimensional van der Waals nano-composites as Z-scheme type photocatalysts for hydrogen production from overall water splitting[J]. Journal of Materials Chemistry A,2016,39:18892−18898.

[42] LIU J,CHENG B,YU J. A new understanding of the photocatalytic mechanism of the direct Z-scheme g-C$_3$N$_4$/TiO$_2$ heterostructure[J]. Physical Chemistry Chemical Physics,2016,18(45):31175.

第五章　一维蓝磷纳米管光催化性能的理论研究

概述

半导体光催化是通过光生电子和光生空穴将水分解为 H_2 和 O_2,这是一种很有前景的利用太阳能的方法。然而低效的氧气生成反应严重制约了全解水的催化效率。因此,寻找新的光催化剂来用于 OER 是有必要的。在本文中,笔者利用第一性原理计算方法,系统地研究了一维蓝磷纳米管(Blue phosphorene nanotubes,BPNTs)的电子结构及其相关性质,探讨了其光催化活性。笔者的结果表明,大直径(大于 8 Å)BPNTs 的应变能和碳纳米管的应变能基本相同,这就说明 BPNTs 是稳定的。由于它们完美的带隙和带能,BPNTs 在可见光光催化全解水方面具有潜在的应用前景。更重要的是,P 型的 Zigzag 形 BPNTs 具有良好的光催化能力,低电子空穴复合率,高空穴迁移率(1729.53 $cm^2 \cdot V^{-1} \cdot s^{-1}$)和光响应系数($20a_0^2$/光子),这样便有望成为 OER 的光催化材料。此外,BPNTs 的带隙可以通过合理的应变单调调整。本章介绍的成果为设计和改进完全光解水光催化剂提供了指导方法。

5.1　研究背景

近年来,快速发展的工业和不断增长的全球人口导致了严重的能源短缺和环境污染。因此,为了保持社会的可持续发展,迫切需要环境友好和可再生技术来促进绿色能源的生产和环境的改善。利用光催化剂直接分解水是一种很有前途的大规模生产清洁可回收氢的方法,从而可以将太阳能储存为化学能[1]。在过去的 40 年里,许多半导体被广泛地用作直接分解水的光催化剂。不幸的是,在没有牺牲试剂的情况下,有些光催化剂无法将水分解成 H_2 和

O_2，例如：WO_3，$BiVO_4$，TiO_2：Cr，Sb，$AgNbO_3$，$Sm_2Ti_2S_2O_5$，$SrTiO_3$：Cr，Ta，$SrTiO_3$：Rh 和 TaON[2-9]。其他直接分解水光催化剂由于具有宽频带隙（>3.2 eV），可以利用太阳能的 5%，这些光催化剂包括 TiO_2，ZnO 和 $SrTiO_3$[10-12]。因此，人们普遍认为可见光直接分解水是化学的圣杯之一[1]。因此，寻找一种高效的新型光催化材料是十分必要的。以绿色植物的自然光合作用为灵感，有研究人员提出了一种两步激发 Z 型光催化系统，作为提高太阳能利用效率的一种替代方法。一个典型的 Z 型系统包含三个组件，它们分别是 HER 的光催化剂，OER 和用于载体迁移的氧化还原介质。在光的照射下，氧化催化剂价带（Valence Band，VB）上的电子首先被激发到导带（Conduction Band，CB）上，在 VB 上留下空穴。然后，氧化催化剂上的光生电子通过电子介质迁移到还原催化剂的 VB，并进一步被激发到还原催化剂的CB。因此，在氧化电位较高的氧化催化剂和还原电位较高的还原催化剂中，光生空穴和电子不断积累，这导致了空间电子空穴的分离和氧化还原电位的优化。HER 和 OER 的光催化剂也许并不一定适合于水的全解，它们被精心组合在一起，将水分解成氢气和氧气。因此，与常用的直接分解水光催化剂相比，Z 型体系不仅有效地防止了光生载流子的复合，而且拓宽了适用于整体分解水的光催化剂的范围。在 Z 型体系中许多半导体已被证明表现出高性能作为 HER 光催化剂，它们包括 $SrTiO_3$[13,14]，CdS[15] 和 Ta_3N_5[13]。然而，据笔者所知，只有 TiO_2[16]、$BiVO_4$[14] 和 WO_3[15] 可以作为 OER 的光催化剂。然而，在 Z 型体系中，它们的稳定性差、空穴迁移率低，严重制约了制氧效率，导致制氢效率低下[17]。因此，寻找一种新型的 OER 光催化剂迫在眉睫。

磷的单层和多层结构在电子和光电子领域有着广阔的应用前景，并引起了人们的广泛关注。近年来，蓝磷烯（BP）被报道是一种稳定的（甚至比黑磷烯更稳定）p 型半导体，具有较高的空穴迁移率（1.71×10^3 $cm^2 \cdot V^{-1} \cdot s^{-1}$）[22]。这表明 BP 具有作为 OER 光催化剂的潜力。然而，BP 中载流子迁移率的各向异性可能会限制其广泛应用。为了克服这一缺点，笔者可以将 BP 平面单层卷绕到 BPNTs 中，以保证单向传输。蓝磷纳米管在光催化分解水中的性能还有待进一步研究。本文主要对蓝色磷烯平面单分子层和纳米管进行了研究，分析了这些材料的几何结构和成键特性，确定了它们的稳定性，并对它们的电子结构进行了研究。然后，研究了蓝色磷烯平面单分子层和纳米管在光催化分解水中的性能。虽然之前已经报道过蓝色磷烯平面单分子层和纳米管的载流子迁移率[22-23]，但以往的研究结果存在一定的不合理性。在之前的研究中,以蓝色磷平面单层为例,研究人员考虑了利用直接带隙(Γ点)计算载流子迁移率得到的有效质量(Armchair 方向上空穴的有效质量和 Zigzag 方向上电子的有效质量)[22]。事实上,蓝色磷烯平面单分子层是一种间接半导体。对于 BPNTs,在之前的研究中,计算载流子迁移率的应变非常大(等于 10%),这在实验中很难得到,它甚至改变了电子结构中价带最大值和导带最小值的位置。事实上,晶格常数的变化引起的应变通常小于 0.5%[24-26]。因此,笔者运用小的应变($-0.3\% \leqslant \varepsilon \leqslant 0.3\%$)来研究蓝色磷烯平面单分子层和纳米管载流子的运动特性,并且不影响价带最大值和导带最小值的位置。笔者的发现将为蓝磷半导体提供新的应用。

5.2 研究方法

笔者的计算是在 DFT 的基础上进行的,使用的是 VASP 软件[27,28]。交换相关能由 PBE 函数[29]的 GGA 描述,电子-离子相互作用由 PAW[30]描述。为了避免 PBE 计算对带隙的低估,电子结构采用 HSE06 杂化函数[32]计算。沿 Z 方向应用周期性边界条件,并在 X 和 Y 方向使用大间距,超过 15 Å,这足以避免纳米管和其镜像之间的相互作用。管轴设置为沿 Z 方向,晶格参数 c_0 可定义为沿 Z 轴的单胞长度。对于 500 eV 的平面波截止,总能量被收敛到优于 10 meV。对于平面蓝磷单层,布里渊区分别用 $7 \times 7 \times 1$ 和 $28 \times 28 \times 4$ 的 K 点网格进行采样,用于几何优化和密度状态计算。而对于蓝磷纳米管,布里渊区分别用 $1 \times 1 \times 10$ 和 $1 \times 1 \times 30$ 采样。对于几何松弛,笔者采用共轭梯度能量最小化的方法,能量的收敛标准是两个连续步骤之间的 10^{-5} eV。离子松弛时施加在每个原子上的最大力小于 0.02 eV/Å。BPNTs 的热稳定性是通过使用 VASP 中实现的 Nosé 恒温器模型进行自创分子动力学(AIMD)模拟来评估的。AIMD 模拟是在室温(300 K)下进行的,时间步长为 1fs,持续 5ps。

光电流计算是在 DFT 与非平衡格林函数(NEGF)方法[33]的基础上进行的,在 Nanodcal 代码中实现了这一计算。广义梯度近似与 PBE 形式被应用于交换-相关电位。光电流(J_{ph})的计算结果如下[36-38]:

$$J_{ph} = \frac{e}{\hbar} \int \frac{dE}{2\pi} \sum_{\alpha} T_{\alpha}(E) \tag{5.1}$$

其中，α 代表引线电极，$T_\alpha(E)$ 是有效传输系数，其计算公式是：

$$T_\alpha(E) = \mathrm{Tr}\{i\Gamma_\alpha[(1-f_\alpha)G_{ph}^< + f_\alpha G_{ph}^>]\} \tag{5.2}$$

其中 Γ_α 是线宽函数，f_α 是费米函数。$G_{ph}^{>/<}$ 表示包括电子-光子相互作用的大/小格林函数[36,39]。那么光辐射率（R_{ph}）的计算方法是：

$$R_{ph} = \frac{J_{ph}}{eF_{ph}} \tag{5.3}$$

其中 F_{ph} 是光子通量，定义为单位时间内单位面积上的光子数量[38,40]。

5.3　研究结果与讨论

5.3.1　二维六角 BP 单层

在制备纳米管之前，首先对六方平面 BP 单层的结构和电子性能进行研究。蓝磷层具有类似于硅烯的二维六角形结构[42]。在文献中研究人员采用了几种 BP 平面单胞（$3.268 \sim 3.33$ Å），并且在这个问题上仍有不少争议[43-46]。如图 5.1 所示，笔者经过线性扫描得到平面 BP 单元的晶格常数（a＝3.27 Å）。完全优化后，BP 平面单层的形貌如图 5.2（a）和（b）所示。P—P 共价键的长度是 2.261 Å。如图 5.2（c）所示，BP 单层为间接带隙为 2.77 eV 的半导体。价带最大值（VBM）位于 $\Gamma-X$ 路径上，而导带最小值（CBM）位于 $M-\Gamma$ 路径上。计算得到的 BP 单层膜的电子性能与前人的计算结果基本一致[45,46]。

在能带结构的基础上，将抛物函数拟合到 VBM 和 CBM 上，根据公式 5.4，研究了空穴（m_h^*）和电子（m_e^*）的有效质量。

$$m^* = \pm\hbar^2\left(\frac{d^2E_k}{dk^2}\right)^{-1} \tag{5.4}$$

这里，k 是波向量，E_k 是波向量 k 对应的能量。抛物线拟合选择的区域能量差在 50 meV 以内。如图 5.3 所示，笔者构建了 BP 的矩形单元格（$l_{xo}=$ 3.278 Å 和 $l_{yo}=5.676$ Å）。X 方向和 Y 方向分别是 Zigzag 形方向和 Armchair 方向。如表 5.1 所示，可以很清楚地看到，m_h^* 和 m_e^* 沿 X 方向都比沿

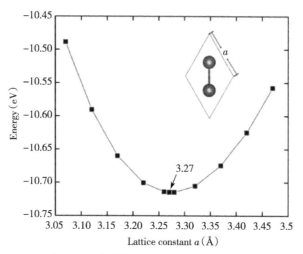

图 5.1　蓝磷烯晶格扫描以及单胞结构

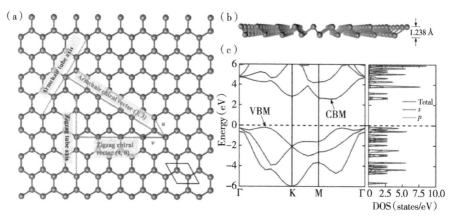

图 5.2　蓝磷烯的俯视图(a)和侧视图(b),以及其能带结构和态密度图(c)

Y 方向小一个数量级。这说明载流子输运是各向异性的,X 方向是主要输运方向。总能量(E)随单轴应变(ε)沿 Y 方向的变化 $\left[\varepsilon_y = (l_y - l_{y_o})/l_{y_o}\right]$ 和沿 X 方向的变化 $\left[\varepsilon_y = (l_x - l_{x_o})/l_{x_o}\right]$ 如图 5.3 所示。根据能量-应变曲线,平面内拉伸模量 C 可由公式 5.5 求得:

$$C = \left(\frac{\partial^2 E_{\text{tot}}}{\partial \varepsilon^2}\right)/S_0 \qquad (5.5)$$

这里,E_{tot} 是总能量,S_0 是系统的面积。在 BP 平面中,C 沿着 Y 方向($83.75\ \text{J/m}^2$)比 X 方向($80.74\ \text{J/m}^2$)上的略大。图 5.3(a)和(b)也显示了沿 Y 和 X 方向应变的函数拟合变化。将晶格沿 Y、X 方向展开,计算变形势(DP)常数 E_1 如下:

$$E_1 = \frac{dE_{\text{edge}}}{d\varepsilon} \tag{5.6}$$

其中 E_{edge} 为带边能量（电子 CBM，空穴 VBM），E_1 为拟合直线斜率；每条直线由 13 个点组成。BP 单层的 E_1 值如表 5.1 所示。笔者可以清楚地看出 E_1 是各向异性的，它在 Y 方向上是正的，在 X 方向上是负的。

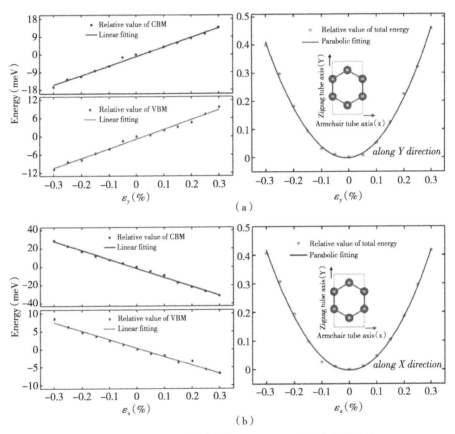

图 5.3　不同应力下，蓝磷烯的 VBM、CBM 和总能量的变化

根据有效质量（m^*）、DP 常数（E_1）和面内拉伸模量（C），利用 DP 理论可以估算室温（$T = 298$ K）的迁移率[47-49]：

$$\mu_{2D} = \frac{2e\hbar^3 C}{3K_B T |m^*|^2 E_1^2} \tag{5.7}$$

这里，e 是电子电荷，K_B 是玻耳兹曼常数，$\hbar$ 是普朗克常数。载流子沿 Y、X 方向迁移率的计算结果如表 5.1 所示。笔者可以发现载流子迁移率具有明显的各向异性，并且载流子沿 X 方向移动的速度比沿 Y 方向快。电子迁移率

（μ_e）沿 Y 方向大于空穴迁移率（μ_h），而沿 X 方向则相反。此外，通过施加应变可以有规律地调制带隙，如图 5.4 所示，而调制的效果在不同方向上是相反的。沿 X 方向，张力（$\varepsilon>0$）可导致带隙减小，而应力（$\varepsilon<0$）可导致带隙增大。然而，沿 Y 方向，张力引起带隙增大，而应力使带隙减小。

图 5.5(a) 和 (b) 为单层磷费米能级附近的带分解电荷密度。原子轨道分析（如图 5.2(c) 所示）表明，磷片的价态顶部主要由沿 X 方向的 3p 轨道组成，而导电带则是沿 Y 方向混合了 3s 和 3p 轨道的杂化轨道。考虑到载流子迁移率和电荷密度沿 X、Y 方向的分布，笔者猜测载流子迁移通道与应变方向平行。具体而言，如图 5.5(c) 所示，BP 平面单层中的载流子可以沿直线运动。

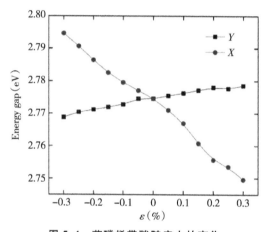

图 5.4 蓝磷烯带隙随应力的变化

表 5.1 蓝磷烯的弹性系数、DP 常数、有效质量和迁移率

BP planar	C ($J \cdot m^{-2}$)	E_1 (eV)		m^* (m_o)		μ ($cm^2 \cdot V^{-1} \cdot s^{-1}$)	
		h	e	h	e	h	e
Y	83.75	3.26	4.83	1.82	1.01	33.74	49.90
X	80.74	−2.37	−9.8	0.86	0.31	275.60	124.05

5.3.2 蓝磷纳米管

几何和电子结构

如图 5.2(a) 所示，二维平面蓝磷的基向量为 $\boldsymbol{u}$ 和 $\boldsymbol{v}$。笔者用 $\boldsymbol{L}=m\boldsymbol{u}+n\boldsymbol{v}$

表示向量。如果这平面折叠成管状结构，使 L 为周长，笔者得到直径为 $D=|L|/\pi$ 的纳米管，从而笔者用 (m,n) 代表管状结构。纳米管可以是 Armchair 形的，也可以是 Zigzag 形的，这取决于 m 和 n 的值。如果 $m=n$，那么纳米管就是 Armchair 形的。另外，如果 m 或 n 为 0，则为 Zigzag 形。Armchair 形和 Zigzag 形方向向量如图 5.2 所示。在这里，笔者关注的是 Zigzag 形 $(5,0)$—$(11,0)$ 和 Armchair 形 $(5,5)$—$(11,11)$ 的蓝色磷纳米管。

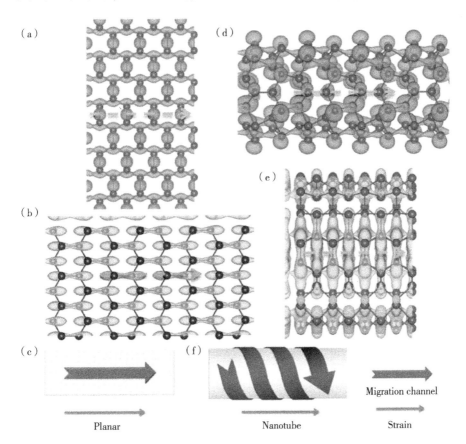

（a），（b）分别为蓝磷烯的 VBM 和 CBM；（d）和（e）分别为蓝磷纳米管的 VBM 和 CBM；（c）和（f）分别为蓝磷烯和蓝磷纳米管的载流子迁移路径示意图。

图 5.5　能带组分图

对于各种 BPNTs 的稳定性分析，笔者使用公式 5.8 来确定它们每个原子的结合能。

$$E_{BE}=-\frac{E_{tot}(BPNT)-nE(P)}{n} \tag{5.8}$$

其中 E_{tot}(BPNT)和 E(P)分别是由 n 个 P 原子组成的 BPNT 的总能量和孤立 P 的原子能。从图 5.7(a)和(b)可以看出,每个原子的结合能随着直径的增加而增加,并且两种纳米管的结合能基本相同(约 1.98 eV)。图 5.6(a)和(b)显示了两个典型 Armchair 形和 Zigzag 形结构的例子,其指数分别为(8,8)和(8,0)。根据以往的研究,能通过形成能来得出应变能[50]。蓝磷纳米管(BPNT)单位应变能公式如下:

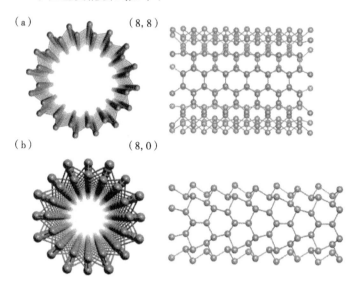

图 5.6 (8,8)和(8,0)蓝磷纳米管的侧视图和俯视图

$$E_{st} = E_{tot}(\text{BPNT})/N(\text{BP}) - E(\text{monolayer}) \qquad (5.9)$$

其中 E_{tot}(BPNT)为 BPNT 的总能量,E(monolayer)为每个单层 BP 的能量;N(BP)是相应纳米管中 BP 的数量。因此,E_{st} 是 BP 形成 BP 纳米管所需要的额外能量,较低的 E_{st} 值表明在这种情况下,BPNT 具有较高的稳定性。描述 BPNT 几何结构的直径(D)、沿 z 轴的周期性长度(c_0)、键长(b)、厚度(d)以及相对稳定的应变能(E_{st})如表 5.2 所示。c_0 在 Armchair 形 BPNTs 中迅速收敛到 3.29 Å 左右,而在 Zigzag 形 BPNTs 中则不同。这是因为 X 方向和 Y 方向分别是 Armchair 形和 Zigzag 形 BPNTs 的管轴。此外,上述计算表明,拉伸模量(C)沿 Y 方向(83.75 J/m²)比 X 方向上(80.74 J/m²)的略大。这说明 Armchair 形方向上的变形比 Zigzag 形方向的变形更为刚性。此外,在 Armchair 形和 Zigzag 形管中,随着管径的增大,键长(b)减小,且均大于平面 BP 单层(2.261 Å)。这样笔者可以把单层 BP 看作是直径为零的纳米管。

Armchair 形和 Zigzag 形 BPNTs 的厚度(d)约为二维层结构宽度(1.238 Å)的两倍,这与之前的结果一致[51]。笔者在图 5.7(c)和(d)中绘制了 E_{st} 相对于 $1/(diameter)^2$ 的变化。并且 E_{st} 随着 a/D^2 的变化而变化,其中 a 是常数,D 是管的直径。

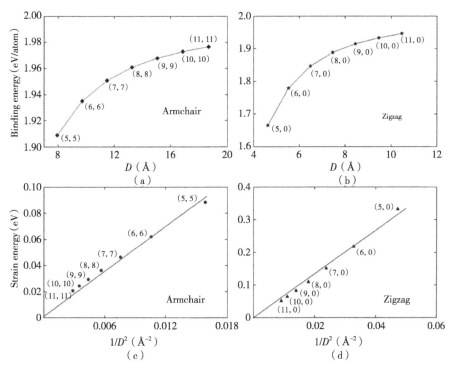

图 5.7 (a)和(b)分别为 Armchair 形和 Zigzag 形蓝磷纳米管结合能随管径的变化;(c)和(d)分别为 Armchair 形和 Zigzag 形蓝磷纳米管应变能随管径平方倒数的变化

BPNT 的弯曲需要更多的能量把直径大的转化成直径小的。因此,BPNTs 遵循经典弹性理论。通过对数据进行拟合,确定 Armchair 形和 Zigzag 形纳米管的 a 值分别为 5.90 eV/Å² 和 6.63 eV/Å²。此外,当直径大于 8 Å 时,BPNTs 和碳纳米管的应变能非常接近[52]。这一发现说明 BPNTs 是稳定的。此外,有文献报道,对蓝磷纳米管的振动带结构进行检测,结果发现没有明显的虚频[23]。如图 5.8 所示,Armchair 形蓝磷纳米管(8,8)和 Zigzag 形(8,0)BPNTs 上的 AIMD 结果表明,Armchair 形(8,8)和 Zigzag 形(8,0)BPNTs 的结构变化几乎可以忽略不计,这意味着 BPNTs 可能具有热稳定性。

表 5.2 蓝磷纳米管的直径 (D)、Z 方向晶格常数 (c_0)、键长 (b)、壁厚 (d) 及应变能 (E_{st})

Chirality	D(Å)	c_0(Å)	b(Å)	d(Å)	E_{st}(meV)
(5, 5)	7.94	3.319	2.272	2.484	88.27
(6, 6)	9.72	3.307	2.272	2.472	62.08
(7, 7)	11.50	3.301	2.266	2.483	46.37
(8, 8)	13.29	3.297	2.266	2.482	36.20
(9, 9)	15.08	3.296	2.265	2.481	29.27
(10, 10)	16.88	3.295	2.265	2.484	24.32
(11, 11)	18.67	3.294	2.265	2.473	20.67
(5, 0)	4.60	5.584	2.342	2.462	331.88
(6, 0)	5.52	5.596	2.316	2.471	217.58
(7, 0)	6.48	5.611	2.300	2.483	150.34
(8, 0)	7.46	5.628	2.292	2.493	109.07
(9, 0)	8.45	5.633	2.283	2.482	82.23
(10, 0)	9.47	5.641	2.280	2.492	63.80
(11, 0)	10.47	5.646	2.276	2.481	50.62

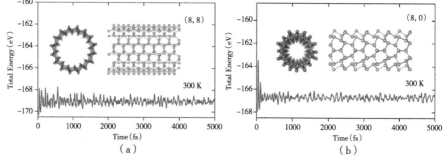

图 5.8 在 300 K 温度下,对 (a) Armchair 形和 (b) Zigzag 形 BPNTs 进行 5ps、时间步长为 1fs 的 AIMD 模拟结果

类似于单层 BP,所有的 BPNTs 都是间接能隙半导体。如图 5.9(a)、(b) 所示,对于 Armchair 形 BPNTs,CBM 位于 Γ 点,VBM 位于 Γ-Z 的路径上;对于 Zigzag 形 BPNTs,VBM 位于 Γ 点,CBM 位于 Γ-Z 的路径上。Zigzag 形和 Armchair 形 BPNTs 的 VBM 和 CBM 主要由 3p 态组成,3s 态贡献较小。如图 5.10 所示,Armchair 形和 Zigzag 形 BPNTs 的能隙均随直径的增大而增大。计算得到的能隙从 Armchair 形 BPNTs 的 2.46 eV 到 2.69 eV 不等,

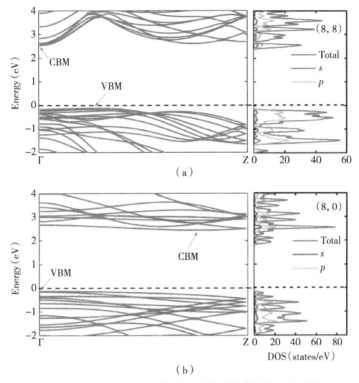

图 5.9　(8,8)和(8,0)蓝磷纳米管的能带结构和态密度

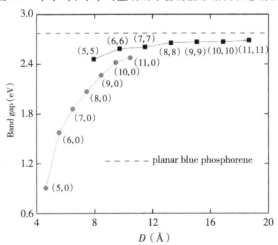

图 5.10　蓝磷纳米管的带隙随直径的变化

而 Zigzag 形 BPNTs 的能隙从 0.91 eV 到 2.47 eV 不等。这些值似乎收敛于平面 BP 带隙的一个值(2.77 eV),这与两种类型的 BPNTs 在无限直径下应具有相同性质的共识是一致的。此外,在相同直径条件下,Zigzag 形 BPNTs

的能隙值似乎总是小于 Armchair 形 BPNTs,这表明 Zigzag 形 BPNTs 可能比 Armchair 形 BPNTs 光吸收能力更强。

之后笔者又讨论了不同偏振角(θ)的光响应,BPNTs 的光吸收能力。在图 5.11(a)和(b)中,显示了两个测试装置的示意图,其中散射区域被线性偏振光照亮。在光照下,激发的电子空穴对从阴极向阴极传播。定义光偏振角 θ 为与 X 方向的交角,其中 $X(e_1)$ 和 $Z(e_2)$ 为线偏振光的基向量。吸收光子是从 1.5 eV 开始的,其光响应系数达到 $20a_0^2$/光子(a_0 代表玻尔半径),明显高于 AsSb 单层(约 $3.3a_0^2$/光子),掺杂的黑磷(约 $1.8a_0^2$/光子)和 Janus MoSSe-WSSe 横向异质结(约 $8a_0^2$/光子)[53-55]。此外,如图 5.10 所示的结果表明,测量 BPNTs 的带隙可能是估算管外径的一种有效方法。此外,这种新特性使得通过改变其管径来生产具有特定禁带值的 BPNTs 成为可能,这在半导体工业中非常有用。

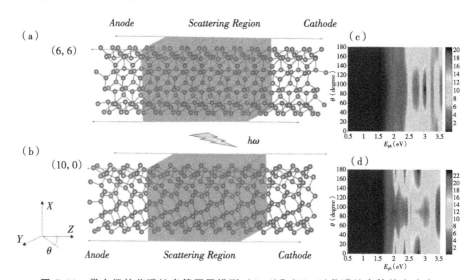

图 5.11 带电极的蓝磷纳米管原子模型,(6,6)和(10,0)蓝磷纳米管的光响应

光催化中的能带对齐

一般来说,一个好的光催化剂不仅需要合适的带隙,还需要合适的 VBM 和 CBM 电位。图 5.12 给出了 BPNTs 与平面 BP 单层在真空水平下的计算能带图。在真空条件下,平面 BP 单层的 CBM 和 VBM 分别是 -3.17 eV 和 -5.94 eV。这些值大大超过了 H^+/H_2 的标准还原势(-4.44 eV 在真空条件下)和 O_2/H_2O 的标准氧化电位(-5.67 eV 在真空条件下),从而证明了平面 BP 单层膜在水劈裂中的适用性。同时,直径足够大的 Armchair 形和 Zigzag 形 BPNTs 的 VBM 值($D > 7.46$ Å)均低于 O_2/H_2O 氧化电位的能级,而 CBM 值高于 H^+/H_2 还原电位的能级。这些数据表明,BPNTs 在水裂解方面也有潜在的应用前景。从图 5.12 中笔者可以清楚地看出,两种类型直径较大(大于 8 Å)的 BPNTs 的 VBM 均低于 BP 平面单层,这可以促进空穴转移过程,减少电子空穴复合。这说明 BPNTs 具有较好的光氧化活性。

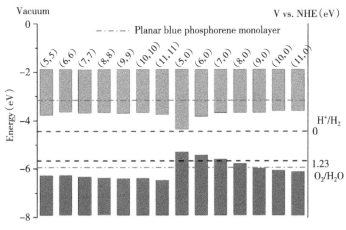

图 5.12 相对于真空能级,蓝磷纳米管的 VBM 和 CBM

此外,带图还提出了一种延长光生电子空穴寿命的自然方法。如果在 BP 纳米片上产生 BPNTs,它们就可以形成 Ⅱ 型异质结构。然后,BPNTs 上的光生电子被转移到单层 BP 的导电带,而空穴可能会留下。这样可以有效地分离光电子和空穴,从而降低复合速率。

前面描述的分析已经成功地验证 PBNTs 是理想的可见光光催化剂。载流子迁移率是影响光催化剂催化效率的另一个重要参数。与平面 BP 的情况类似,也可以用有效质量近似结合 DP 理论来计算,DP 理论由公式 5.10 给出[56-58]。

$$\mu_{1D} = \frac{e\hbar^3 C}{2\pi K_B T^{\frac{1}{2}} |m^*|^{\frac{3}{2}} E_1^2} \tag{5.10}$$

E_1 和 C 都可以通过沿着管轴压缩和拉伸 BPNTs 来计算。为了探讨 Zigzag 形 BPNTs 和 Armchair 形 BPNTs 的载流子迁移能力的差异,笔者计算了(6,6)—(8,8)Armchair 形和(8,0)—(10,0)Zigzag 形 BPNTs 的载流子迁移能力,如表 5.3 所示。(8,8)和(8,0)BPNTs 的带位置和总能量随应变(-0.3%~0.3%)的线性和抛物线拟合图,如图 5.13(a)和(b)所示。显然,Armchair 形 BPNTs(6,6),(7,7)和(8,8)的电子迁移率略大于空穴迁移率;

$(8,0)$，$(9,0)$ 和 $(10,0)$ Zigzag 形 BPNTs 的空穴迁移率明显大于电子迁移率。电子主要分布在导带的底部，而空穴则分布在价带的顶部。如图 5.5(d) 和 (e) 所示，Zigzag 形 $(8,0)$ BPNT 的 VBM 部和 Armchair 形 $(8,8)$ BPNT 的 CBM 部均垂直于应变方向。因此，如图 5.5(f) 所示，笔者假设 BPNTs 中的载流子可以沿螺旋方向运动，这不同于 BP 平面单层中的载流子传输形式。有趣的是，与碳纳米管的情况不同，Zigzag 形 BPNTs 中的载流子迁移率高于 BP 平板中的载流子迁移率，这可能是由于其表面崎岖不平造成的[59]。具有非共面结构的二硫化钼纳米管也表现出类似的性质[60]。此外，$(10,0)$ Zigzag 形 BPNTs 的空穴迁移率为 $1729.53\ \mathrm{cm}^2 \cdot \mathrm{V}^{-1} \cdot \mathrm{s}^{-1}$，这是电子迁移率的 28 倍。空穴与电子迁移率的巨大差异可以有效地阻止电子空穴的结合。此外，如图 5.14 所示，笔者发现电子结构和带隙可以通过应变有规律地调节。对于 Armchair 形 BPNTs，应力可以减小其带隙，张力使带隙增大。而对于 Zigzag 形 BPNTs，应变对带隙的影响相反；应力增加了 Zigzag 形 BPNTs 的带隙，而张力使其减小。

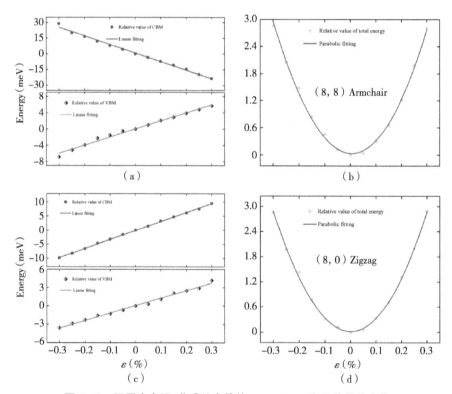

图 5.13　不同应力下，蓝磷纳米管的 VBM、CBM 和总能量的变化

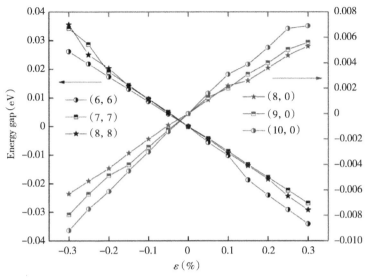

图 5.14　带隙变化与应力的关系

表 5.3　蓝磷纳米管的弹性系数、DP 常数、有效质量、迁移率

BPNT	C $(eV\mathring{A}^{-1})$	$E_1(eV)$		$m^*(m_o)$		$\mu(cm^2 \cdot V^{-1} \cdot S^{-1})$	
		h	e	h	e	h	e
(8,0)	116.34	1.29	3.14	1.20	1.15	423.98	76.28
(9,0)	134.54	1.07	3.35	1.25	1.24	620.03	113.76
(10,0)	151.09	0.87	3.58	0.95	1.33	1729.53	61.27
(6,6)	132.58	2.22	−7.94	1.93	0.22	79.98	157.93
(7,7)	166.15	1.76	−8.11	1.67	0.18	197.42	272.42
(8,8)	197.86	1.97	−8.14	2.47	0.14	104.70	454.33

5.4　结论

　　综上所述,笔者进行了第一性原理计算,确定了蓝色磷烯平面单层和纳米管的几何、能量和电子性质,以探索它们的光催化活性。蓝磷平面单分子层的带隙和带边均能满足水裂解还原氧化水平的要求。然而,低的载流子迁移率和载流子的各向异性可能是制约蓝色磷烯平面单分子层在水的光催化裂解中广泛应用的重要因素。大直径(大于 8 Å)BPNTs 的应变能与碳纳米管的应

变能基本相当,说明可以通过弯曲 BP 单层膜进行实验合成。与 BP 单分子层类似,直径大于 8 Å 的 BPNTs 由于其完美的带隙和光催化活性的能带能,在可见光光催化水裂解方面也具有潜在的应用前景。更有意义的是,由于它们具有更好的光氧化能力和更高的空穴迁移率(高于 1729.53 $cm^2 \cdot V^{-1} \cdot s^{-1}$),在 Z 型体系中,Zigzag 形 BPNTs 是一种较有前途的光催化材料。笔者的研究结果为设计和改进潜在高效光催化剂做了指导。

参考文献

[1] BARD A J,FOX M A. Artificial Photosynthesis:Solar Splitting of Water to Hydrogen and Oxygen[J]. Accounts of Chemical Research, 1995,28:5.

[2] DARWENT J R,MILLS A. Photo-oxidation of water sensitized by WO_3 powder[J]. Journal of the Chemical Society, Faraday Transactions,2 1982,78:359—367.

[3] KUDO A,OMORI K,KATO H. A Novel Aqueous Process for Preparation of Crystal Form-Controlled and Highly Crystalline $BiVO_4$ Powder from Layered Vanadates at Room Temperature and Its Photocatalytic and Photophysical Properties[J]. Journal of the American Chemical Society,1999,121:11459—11467.

[4] KATO H,KOBAYASHI H,KUDO A. Role of Ag^+ in the Band Structures and Photocatalytic Properties of $AgMO_3$ (M:Ta and Nb)with the Perovskite Structure[J]. Journal of Physical Chemistry B,2002,106: 12441—12447.

[5] KATO H,KUDO A. Visible-Light-Response and Photocatalytic Activities of TiO_2 and $SrTiO_3$ Photocatalysts Codoped with Antimony and Chromium[J]. Journal of Physical Chemistry B, 2002, 106:5029—5034.

[6] ISHIKAWA A, TAKATA T, KONDO J N, et al. Oxysulfide $Sm_2Ti_2S_2O_5$ as a Stable Photocatalyst for Water Oxidation and Reduction under Visible Light Irradiation($\lambda \leqslant 650$ nm)[J]. Journal of the

American Chemical Society,2002,124:13547—13553.

[7] ISHII T,KATOH,KUDO A. H_2 evolution from an aqueous methanol solution on $SrTiO_3$ photocatalysts codoped with chromium and tantalum ions under visible light irradiation[J]. Journal of Photochemistry and Photobiology A,2004,163:181—186.

[8] KONTA R,ISHII T,KATO H,et al. Photocatalytic Activities of Noble Metal Ion Doped $SrTiO_3$ under Visible Light Irradiation[J]. Journal of Physical Chemistry B,2004,108:8992—8995.

[9] YAMASITA D,TAKATA T,HARA M,et al. Recent progress of visible-light-driven heterogeneous photocatalysts for overall water splitting [J]. Solid State Ionics,2004,172:591—595.

[10] FUJISHIMA J,HONDA K. Electrochemical Photolysis of Water at a Semiconductor Electrode[J]. Nature,1972,238:37—38.

[11] PARK T Y,CHOI Y S,KIM S M,et al. Electroluminescence emission from light-emitting diode of p-ZnO/(InGaN/GaN)multiquantum well/ n-GaN[J]. Physical Review Letters,2011,98:251111.

[12] CARDONA M. Optical Properties and Band Structure of $SrTiO_3$ and $BaTiO_3$[J]. Physical Review Letters,1965,140:A651—A655.

[13] WANG Q,HISATOMI T,MA S S K,et al. Core/Shell Structured La- and Rh-Codoped $SrTiO_3$ as a Hydrogen Evolution Photocatalyst in Z-Scheme Overall Water Splitting under Visible Light Irradiation[J]. Chemistry of Materials,2014,26:4144—4150.

[14] JIA Q,IWASE A,KUDO A. $BiVO_4$-Ru/$SrTiO_3$:Rh composite Z-scheme photocatalyst for solar water splitting[J]. Chemical Science, 2014,5:1513—1519.

[15] ZHANG L J,LI S,LIU B K,et al. Highly Efficient CdS/WO_3 Photocatalysts:Z-Scheme Photocatalytic Mechanism for Their Enhanced Photocatalytic H_2 Evolution under Visible Light[J]. ACS Catalysis, 2014,4:3724—3729.

[16] YU J,WANG S,LOW J,et al. Enhanced photocatalytic performance of direct Z-scheme g-C_3N_4-TiO_2 photocatalysts for the decomposition of formaldehyde in air[J]. Physical Chemistry Chemical Physics,2013, 15:16883—16890.

[17] DU P, EISENBERG R. Catalysts made of earth-abundant elements (Co, Ni, Fe) for water splitting: Recent progress and future challenges [J]. Energy & Environmental Science, 2012, 5: 6012.

[18] GUAN J, ZHU Z, TOMÁNEK D. Phase Coexistence and Metal-Insulator Transition in Few-Layer Phosphorene: A Computational Study[J]. Physical Review Letters, 2014, 113: 046804.

[19] KOU L, FRAUENHEIM T, CHEN C. Phosphorene as a Superior Gas Sensor: Selective Adsorption and Distinct $I-V$ Response[J]. Journal of Physical Chemistry Letters, 2014, 5: 2675.

[20] KOU L, CHEN C, SMITH S C. Phosphorene: Fabrication, Properties, and Applications[J]. Journal of Physical Chemistry Letters, 2015, 6: 2794.

[21] LIU H, NEAL A T, ZHU Z, et al. Tománek and P. D. Ye, Phosphorene: An Unexplored 2D Semiconductor with a High Hole Mobility [J]. ACS Nano, 2014, 8: 4033−4041.

[22] XIAO J, LONG M, ZHANG X, et al. Theoretical predictions on the electronic structure and charge carrier mobility in 2D Phosphorus sheets [J]. Scientific Reports, 2015, 5: 9961.

[23] XIAO J, LONG M, DENG C S, et al. Electronic Structures and Carrier Mobilities of Blue Phosphorus Nanoribbons and Nanotubes: A First-Principles Study[J]. Journal of Physical Chemistry C, 2016, 120: 4638 −4646.

[24] DARAKCHIEVA V, PASKOV PP, PASKOVA T, et al. Lattice parameters of GaN layers grown on a-plane sapphire: Effect of in-plane strain anisotropy[J]. Applied Physics Letters, 2003, 82: 703−705.

[25] KUZNETSOV A Y, MACHADO R, GOMES L S, et al. Size dependence of rutile TiO_2 lattice parameters determined via simultaneous size, strain, and shape modeling [J]. Applied Physics Letters, 2009, 94: 193117.

[26] DARAKCHIEVA V, BECKERS M, XIE M Y, et al. Effects of strain and composition on the lattice parameters and applicability of Vegard's rule in Al-rich $Al_{1-x}In_xN$ films grown on sapphire[J]. Journal of Applied Physics, 2008, 103: 103513.

[27] KRESSE G,FURTHMÜLLER J. CIF2Cell:Generating geometries for electronic structure programs[J]. Physical Review B,1996,54:11169－11186.

[28] KRESSE G,FURTHMÜLLER J. Efficiency of ab-initio total energy calculations for metals and semiconductors using a plane-wave basis set [J]. Computational Materials Science,1996,6:15－50.

[29] PERDEW J P,BURKE K,ERNZERHOF M,et al. Generalized Gradient Approximation Made Simpl[J]. Physical Review Letters,1996,77:3865－3868.

[30] BLÖCHL P E. Projector augmented-wave method[J]. Physical Review B,1994,50:17953－17979.

[31] KRESSE G,JOUBERT D. Accurate surface and adsorption energies from many-body perturbation theory[J]. Physical Review B,1999,59:1758－1775.

[32] HEYD J,SCUSERIA G E,ERNZERHOF M. Hybrid functionals based on a screened Coulomb potential[J]. Journal of Chemical Physics,2003,118:8207－8215.

[33] TAYLOR J,GUO H,WANG J. Ab initiomodeling of quantum transport properties of molecular electronic devices[J]. Physical Review B,2001,63:245407.

[34] WALDRON D,HANEY P,LARADE B,et al. Nonlinear Spin Current and Magnetoresistance of Molecular Tunnel Junctions[J]. Physical Review Letters,2006,96:166804.

[35] BRANDBYGE M,MOZOS J L,ORDEJÓN P,et al. Density-functional method for nonequilibrium electron transport[J]. Physical Review B,2002,65:165401.

[36] CHEN J,HU Y,GUO H. First-principles analysis of photocurrent in graphene PN junctions[J]. Physical Review B,2012,85:155441.

[37] ZHANG L,GONG K,CHEN J,et al. Generation and transport of valley-polarized current in transition-metal dichalcogenides[J]. Physical Review B,2014,90:195428.

[38] JIN H,LI J,WANG B,et al. Electronics and optoelectronics of lateral heterostructures within monolayer indium monochalcogenides [J].

Journal of Materials Chemistry C,2016,4:11253—11260.

[39] HENRICKSON L E. Nonequilibrium photocurrent modeling in resonant tunneling photodetectors[J]. Journal of Applied Physics,2002, 91:6273.

[40] WANG F,WANG Z,XU K,et al. Tunable GaTe-MoS₂ van der Waals p-n Junctions with Novel Optoelectronic Performance[J]. Nano Letters,2015,15:7558—7566.

[41] JU L,DAI Y,WEI W,et al. Potential of one-dimensional blue phosphorene nanotubes as a water splitting photocatalyst[J]. Journal of Materials Chemistry A,2018,6(42):21087.

[42] TAHIR M,SCHWINGENSCHLOGL U. Tunable GaTe-MoS₂ van der Waals p-n Junctions with Novel Optoelectronic Performance[J]. Scientific Reports,2013,3:1075.

[43] PENG Q,WANG Z,SA B,et al. Electronic structures and enhanced optical properties of blue phosphorene/transition metal dichalcogenides van der Waals heterostructures[J]. Scientific Reports,2016,6:31994.

[44] DING Y,WANG Y. Structural,Electronic,and Magnetic Properties of Adatom Adsorptions on Black and Blue Phosphorene: A First-Principles Study[J]. Journal of Materials Chemistry C,2015,119:10610—10622.

[45] XIE J,SI M S,YANG D Z,et al. A theoretical study of blue phosphorene nanoribbons based on first-principles calculations[J]. Journal of Applied Physics,2014,116:073704.

[46] ZHU Z,TOMANEK D. Semiconducting Layered Blue Phosphorus:A Computational Study[J]. Physical Review Letters,2014,112:176802.

[47] BARDEEN J,SHOCKLEY W. Deformation Potentials and Mobilities in Non-Polar Crystals[J]. Physical Review Letters,1950,80:72—80.

[48] XI J,LONG M,L TANG,et al. First-principles prediction of charge mobility in carbon and organic nanomaterials[J]. Nanoscale,2012,4:4348—4369.

[49] LI X,DAI Y,LI M,et al. Stable Si-based pentagonal monolayers:high carrier mobilities and applications in photocatalytic water splitting[J]. Journal of Materials Chemistry A,2015,3:24055—24063.

[50] GAO Q,HU S,DU Y,et al. The origin of the enhanced photocatalytic activity of carbon nitride nanotubes:a first-principles study[J]. Journal of Materials Chemistry A,2017,5:4827－4834.

[51] HU T,HASHMI A,HONG J. Geometry,electronic structures and optical properties of phosphorus nanotubes[J]. Nanotechnology,2015, 26:415702.

[52] HERNÁNDEZ E,GOZE C,BERNIER P,et al. Elastic Properties of C and BxCyNz Composite Nanotubes[J]. Physical Review Letters, 1998, 80:4502－4505.

[53] ZHAO P,LI J,WEI W,et al. Giant anisotropic photogalvanic effect in a flexible AsSb monolayer with ultrahigh carrier mobility[J]. Physical Chemistry Chemical Physics,2017,19:27233－27239.

[54] XIE Y,ZHANG L,Y ZHU,et al. Photogalvanic effect in monolayer black phosphorus[J]. Nanotechnology,2015,26:455202.

[55] LI F,WEI W,ZHAO P,et al. Electronic and Optical Properties of Pristine and Vertical and Lateral Heterostructures of Janus MoSSe and WSSe[J]. Journal of Physical Chemistry Letters,2017,8:5959－5965.

[56] YU S,ZHU H,ESHUN K,et al. A computational study of the electronic properties of one-dimensional armchair phosphorene nanotubes [J]. Journal of Applied Physics,2015,118:164306.

[57] LI X,DAI Y,MA Y,et al. Landscape of DNA-like inorganic metal free double helical semiconductors and potential applications in photocatalytic water splitting[J]. Journal of Materials Chemistry A, 2017,5: 8484－8492.

[58] LONG M,TANG L,WANG D,et al. Electronic Structure and Carrier Mobility in Graphdiyne Sheet and Nanoribbons:Theoretical Predictions [J]. ACS Nano,2011,5:2593－2600.

[59] DÜRKOP T,GETTY S A,COBAS E,et al. Artificial Photosynthesis: Solar Splitting of Water to Hydrogen and Oxygen[J]. Nano Letters, 2004,4:35－39.

[60] XIAO J,LONG M,LI X,et al. Theoretical Prediction of Electronic Structure and Carrier Mobility in Single-walled MoS_2 Nanotubes[J]. Scientific Reports,2014,4:4327.

第六章 二维异质结 GeS/WS₂ 作为"Z"型光催化材料的理论研究

概述

近年来,因为制备成本低廉、制备工艺简单和载流子分离效率高,由两种半导体直接接触构成的直接 Z 型光催化剂受到了广泛的关注。目前,笔者通过第一性原理计算,系统地研究了二维 $GeS/WX_2(X=O,S,Se,Te)$ 范德华异质结的电子结构和相关特性。结果表明,GeS/WS_2 异质结可以形成直接 Z 型光解水的系统,而 $GeS/WX_2(X=O,Se,Te)$ 因为自身的电子结构不适合,所以无法形成直接 Z 型光解水的系统。在 GeS / WS₂ 异质结中,GeS 和 WS₂ 单层分别用作 HER 和 OER 的光催化剂,并且由界面处的电荷转移引起的内部电场可以促进光生电荷载流子的分离。笔者也可以发现设计的 GeS/WS_2 异质结,不仅提高了 GeS 的氢生成活性和 WS₂ 的氧生成能力,而且通过减小带隙提高了两个单层的光吸收。笔者还发现缩小层间距离可以增强内部电场,提高 vdW 异质结的光催化能力。这项工作为进一步设计和制备新兴金属二硫化物催化剂提供了基本见解,有利于清洁能源的发展。

6.1 研究背景

使用微粒光催化剂直接裂解水将是大规模生产清洁和可回收氢气的一种有前途的方法[1]。它可以将太阳能转化为化学能。水的分裂反应是由光激发的电子-空穴对驱动的,这些电子-空穴对在半导体光催化剂中随着太阳光的照射而产生,并通过半导体表面层的带状弯曲在空间上分离。光催化剂表面的水可以被到达表面的光激发电子还原成 H_2,而表面的空穴将诱导水的氧化,产生 O_2 气体[2-4]。在过去的 40 年里,很多半导体被广泛地研究为单步分解水的光催化剂。不幸的是,这些光催化剂中有部分在没有牺牲性试剂的情况下,对整个水分裂成 H_2 和 O_2 是不活跃的,如 WO_3[5],$BiVO_4$[6],$AgNbO_3$[7],TiO_2:Cr,Sb[3],$Sm_2Ti_2S_2O_5$[8],$SrTiO_3$:Cr,Ta[9],$SrTiO_3$:Rh[10] 和 TaON[11]。其他一步激发式光催化剂由于其宽带隙(>3.2 eV),只能使用 5% 的太阳能,如 TiO_2[2]、ZnO[12] 和 $SrTiO_3$[13]。因此,人们普遍认为,"一步法"用可见光催化分解水是化学科学领域"圣杯"式的难题[1]。因此,寻找一种新型、高效的光催化材料是非常必要的。

除了一步激发外,有研究人员从绿色植物的自然光合作用中受到启发,提出了两步激发的 Z-scheme 光催化系统,以作为提高太阳能有效利用的替代方法。如图 6.1(a)所示,一个典型的 Z-scheme 系统包含三个组成部分,即用于 HER 和 OER 的光催化剂,以及用于载体迁移的氧化还原介质。用于 HER 和 OER 的光催化剂本身并不适合进行整体的分解水,它们被精心组合以将分解水成氢气和氧气。与通常的一步激发式光催化剂相比,Z-scheme 系统不仅有效地防止了光生载流子的重组,而且扩大了适用于全解水的可用光催化

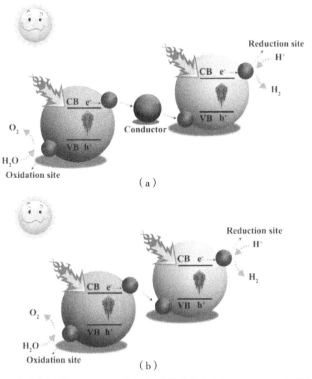

图 6.1 (a)传统的 Z-scheme 异质结系统和(b)直接 Z-scheme 异质结

剂的范围。大量的努力已经被用于构建光催化分解水的 Z-scheme 系统[14, 15]。$SrTiO_3$[16, 17]、CdS[18]、Ta_3N_5[16]、$BiVO_4$[17] 和 WO_3[18] 被证明是高性能的光催化剂,分别用于 HER 或 OER。

最近,没有氧化还原介质的直接 Z-scheme 系统引起了科研人员强烈的兴趣[15, 20-23]。如图 6.1(b)所示,直接 Z-scheme 系统只有两个组分,比传统的由三个组分组成的 Z-scheme 系统更简单,所以在实验中更容易合成。到目前为止,已经合成的直接 Z-scheme 系统主要有两种:三维(3D)材料/3D 材料(如 ZnO/CdS[24]、$\alpha\text{-}Fe_2O_3/Cu_2O$[25]、$TiO_2/CdS$[26]、$WO_{3-x}$ 量子点/TiO_2[27]、$CuS\text{-}WO_3$[28]、Ag_3PO_4/Ag_2MoO_4[29]、WO_3/Ag_3PO_4[30] 以及锐钛矿/金红石双相纳米复合 TiO_2[31],以及二维(2D)材料/三维材料(AgI/Bi_5O_7I[32]、g-C_3N_4/SnS_2[33]、g-C_3N_4/WO_3[34]、g-C_3N_4/Bi_2O_3[35]、g-$C_3N_4\text{-}TiO_2$[36,37]、$Ag_2CrO_4/g\text{-}C_3N_4$[38]、及 Ag_3PO_4/MoS_2[39])。此外,还有极少数由二维材料/二维材料组成的直接 Z-scheme 系统,例如 $BiOBr\text{-}Bi_2MoO_6$[40]。众所周知,与三维材料相比,二维结构可以提供更大的面积、更多的活性点和更短的载流子迁移距离,从而使光催化性能更高[41-53]。此外,一些二维半导体被预测为有希望成为可见光下的高效光催化剂,如石墨烯氧化物[49,50]和过渡金属二钙化物[42,51,52]。尽管一些单层材料被证明是整体分解水的光催化剂,但更多的单层材料被证明是仅用于 HER 或 OER 的活性光催化剂。由于二维 vdW 异质结构层间的超快电荷转移已被实验所验证[54]。在直接的 Z-scheme 机制下,联合这些二维材料是开发新的光催化剂的一个重要途径。对于二维 vdW 异质结构,两种成分都在表面,这有利于修改和调整。由于上述突出的优点,用二维材料构建的直接 Z-scheme 分解水系统值得研究。

二维磷光体类 GeS 单层具有较高的各向异性的载流子移动率(3680 $cm^2 V^{-1} s^{-1}$)[55]已被提议作为高效的光催化剂用于分解水[56]。同时,单层二钙化钨[WX_2($X=O$、S、Se、Te)][57-60],带隙值从可见光到近红外。由于其在催化、储能等实际技术应用中的巨大潜力,已经在能源储存[61]和传感[62]领域引起了巨大的研究兴趣[61]。在本工作中,二维 GeS 和 WX_2($X=O$,S,Se,Te)单层被选为光催化剂,分别用于 HER 和 OER。通过 DFT 计算,研究了二维 vdW 异质结 GeS/WX_2($X=O$,S,Se,Te)的结构和电子特性,以评估其在 Z 型光催化分解水中的应用潜力。结果表明,GeS/WO_2、GeS/Se_2 和 GeS/WTe_2 异质结由于不适当的能带对齐,都不适合作为 Z-scheme 光催化剂使用。GeS/WO_2 是Ⅲ型能带对齐,而 GeS/WSe_2 和 GeS/WTe_2 是Ⅰ型能带对齐。

然后笔者讨论了 GeS/WS₂ 异质结的结构和电子特性,以及光催化分解水的活性。笔者发现 GeS/WS₂ 异质结可以作为一种直接的 Z 型光催化剂在可见光照射下进行整体的分解水。

6.2　研究方法

GeS 单层的晶格常数被优化为 $a=4.40$ Å,$b=3.69$ Å,这与体相的实验值($a=4.29$ Å,$b=3.64$ Å)[64]和先前的 GeS 单层的理论结果($a=4.33$ Å,$b=3.67$ Å)[55]相一致。在这项工作中,笔者选择六方 WO₂、WS₂、WSe₂ 和 WTe₂ 作为研究对象,尽管六方 WO₂ 和 WTe₂ 是可转移的。稳定的四边形 WO₂ 不属于二维半导体材料,其晶格参数不能很好地适应 GeS。稳定的正方体 WTe₂ 的带隙为零,显然不适合作为水裂解催化剂。使用同相的 WX₂(X=O,S,Se,Te)有利于系统研究 GeS/WX₂(X=O,S,Se,Te)异质结的几何结构和电子结构。经过完全优化,WO₂、WS₂、WSe₂ 和 WTe₂ 单层的晶格常数分别为 2.82 Å、3.18 Å、3.32 Å 和 3.54 Å,与之前的理论数据(2.85 Å、3.197 Å、3.32 Å 和 3.55 Å)相一致(误差在 1% 以内)[65-68]。为了模拟 GeS/WX₂(X=O,S,Se,Te)vdW 异质结,笔者分别构建了 WO₂($a=2.82$ Å,$b=4.89$ Å)、WS₂($a=3.18$ Å,$b=5.51$ Å)、WSe₂($a=3.32$ Å,$b=5.75$ Å)和 WTe₂($a=3.54$ Å,$b=6.14$ Å)的矩形单元。研究中选择了一个 2×4 的 GeS(16 个锗原子和 16 个硫原子)的超晶胞,一个 3×3 的 WO₂(18 个钨原子和 36 个氧原子)的超级晶胞,一个 $\sqrt{7}×\sqrt{7}$ WS₂(14 个钨原子和 28 个硫原子)的超级晶胞,一个 $\sqrt{7}×\sqrt{7}$ WS₂(14 个钨原子和 28 个硫原子)的超级晶胞和 $\sqrt{7}×\sqrt{7}$ WTe₂(14 个钨原子和 28 个碲原子)的超级晶胞。GeS/WX₂(X=O,S,Se,Te)vdW 异质结的计算方法和结果见表 6.1。每个复合模型沿 a 方向的最大晶格失配为 2.72%、3.13%、0.23% 和 4.05%,而沿 b 方向则分别为 0.34%、1.44%、2.01% 和 6.08%。所有的 DFT 计算都是用 VASP 软件包进行的[69,70]。核心电子和价电子之间的相互作用是通过 PAW 描述的[71,72]。采用 PBE 函数的 GGA[73]。为了避免在 PBE 中计算的带隙被低估,电子结构用 HSE06 杂化函数来评估[74]。PBE+D2(D 代表色散)方法和 Grimme vdW 校正[75]来描述长程 vdW 相互作用。由于不对称层的排列,采用了偶极校正。

能量截止点被设定为 500 eV。一个以 G 为中心的 $3\times2\times1$ K 点的网格被用来对二维布里渊区进行采样。一个垂直于薄片的超过 20 Å 的真空空间被用于分离相邻板块之间的相互作用。所有的几何结构被完全放松,直到能量和力的收敛标准分别小于 10^{-5} eV 和 0.02 eVÅ^{-1}。

表 6.1 GeS 2×4 超晶胞,WO$_2$ 3×3 超晶胞,WS$_2$ $\sqrt{7}\times\sqrt{7}$ 超晶胞,WSe$_2$ $\sqrt{7}\times\sqrt{7}$ 超晶胞,WTe$_2$ $\sqrt{7}\times\sqrt{7}$ 超晶胞,GeS/WX$_2$(X=O,S,Se,Te) 范得华异质结的晶格常数 (a,b),以及相对于各组分的晶格常数失配度

	GeS/WO$_2$	GeS	mismatch	WO$_2$	mismatch
a	8.70	8.82	1.30%	8.47	2.72%
b	14.73	14.76	0.20%	14.68	0.34%
	GeS/WS$_2$	GeS	mismatch	WS$_2$	mismatch
a	8.54	8.82	3.13%	8.42	1.43%
b	14.79	14.76	0.20%	14.58	1.44%
	GeS/WSe$_2$	GeS	mismatch	WSe$_2$	mismatch
a	8.81	8.82	0.11%	8.79	0.23%
b	14.91	14.76	1.02%	15.22	2.01%
	GeS/WTe$_2$	GeS	mismatch	WTe$_2$	mismatch
a	9.00	8.82	2.04%	9.38	4.05%
b	15.25	14.76	3.32%	16.24	6.08%

6.3 研究结果与讨论

6.3.1 GeS/WX$_2$(X=O,S,Se,Te)vdW 异质结的电子结构

到目前为止,如图 6.1 所示,所有的直接 Z-Scheme 系统都显示为Ⅱ型异质结构。为了评估在 Z-scheme 光催化中的应用潜力,首先,笔者研究了 GeS/WX$_2$(X=O,S,Se,Te)vdW 异质结的电子结构。计算结果显示在图 6.2 中。很明显,在 GeS/WO$_2$ 异质结中,GeS 的 CBM 和 VBM 都高于 WO$_2$ 的 CBM,表明它是一个Ⅲ型异质结构。对于 GeS/WS$_2$ 异质结,GeS 的 CBM 高于

WS₂,而 WS₂ 的 VBM 低于 GeS,表明 GeS/WS₂ 异质结具有典型的 Ⅱ 型带状排列结构。对于 GeS/WX₂(X=Se,Te)系统,GeS 的 CBM 高于 WX₂(X=Se,Te),而 WX₂(X=Se,Te)的 VBM 高于 GeS,表明它们都属于 Ⅰ 型异质结构。基于以上分析,除了 GeS/WS₂,GeS/WX₂(X=O,Se,Te)异质结不适合作为 Z 型光催化剂,所以笔者接下来系统地研究 GeS/WS₂ 异质结作为直接 Z 型光催化剂的可能性。

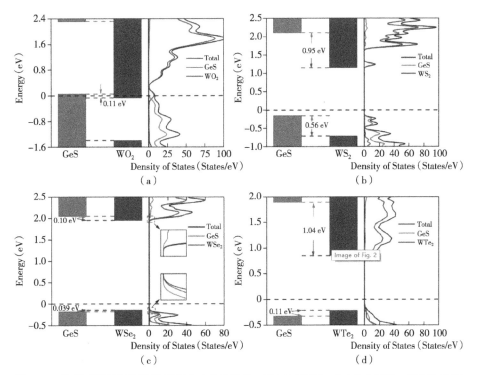

图 6.2 使用 HSE06 函数计算的(a)GeS/WO₂、(b)GeS/WS₂、(c)GeS/WSe₂ 和(d)GeS/WTe₂ vdW 异质结的电子结构

6.3.2 孤立的 GeS 和 WS₂ 单层的结构和电子特性

在研究 GeS/WS₂ 异质结之前,首先探讨了孤立的 GeS 和 WS₂ 单层的结构和电子特性。GeS 单层是一种类似于磷光体的结构。Ge 和 S 原子交替地替代了 P 原子。在 GeS 单层中,每个 Ge(S)原子在同一原子层中与两个相邻的 S(Ge)原子结合,而在另一原子层中与一个 S(Ge)原子结合。如图 6.3 所

示,Ge—S 键的长度 d_P 和 l_P 分别为 2.48 Å 和 2.42 Å。S—Ge—S(α_P 和 γ_P)
和 Ge—S—Ge(β_P 和 δ_P)的键角分别为 95.93°、75.80°、95.93° 和 103.11°。厚
度(r_P)是 2.55 Å。至于 WS_2 单层,W—S 的键长为 2.41 Å,S—W—S(λ_P 和
ν_P)和 W—S—W(κ_P)的键角分别为 82.43°、80.93° 和 82.43°,显示在图 6.4。
厚度(s_P)为 3.13 Å。如图 6.3 所示,GeS 单层是一个间接带隙为 2.29 eV 的
半导体。价带最大值(VBM)位于 Γ—X 路径上,而传导带最小值(CBM)位于
Y—Γ 路径上。如图 6.3(e)所示,WS_2 单层拥有 2.02 eV 的直接带隙,而
VBM 和 CBM 都位于 Γ—X 路径上。笔者计算了孤立的 GeS 和 WS_2 单层的
部分状态密度(DOS),并在图 6.5 中显示了结果。在孤立的 GeS 单层中,
VBM 主要由 S 3p 状态组成,并由 Ge 4s 和 Ge 4p 状态轻微组成。CBM 主要

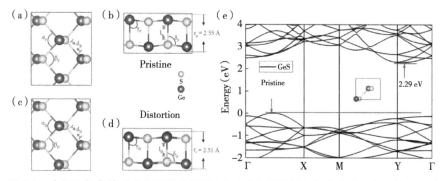

图 6.3 本征和扭曲的 GeS 单层的俯视图(a),(c)和侧视图(b),(d);(e)本征的 GeS 单层
的电子结构

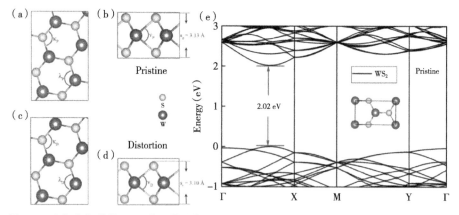

图 6.4 本征和扭曲的 WS_2 单层的顶视图(a),(c)和侧视图(b),(d);(e)本征的 WS_2 单层
的电子结构

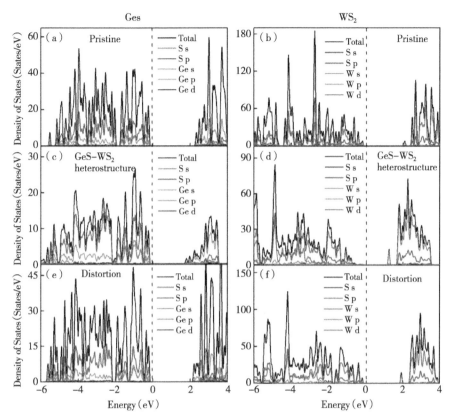

图 6.5 使用 HSE06 泛函在不同条件下计算的 GeS 中 Ge 和 S 原子的 PDOS((a),(c)和 (e))以及 WS$_2$ 中 W 和 S 原子的 PDOS((b),(d)和(f))

由 Ge 4p 态组成,Ge 3d 态略有贡献。在孤立的 WS$_2$ 单层中,CBM 主要由 W 5d 态组成,并由 S 3p 和 W 6s 态作少量贡献。VBM 也主要由 W 5d 态组成,S 3p 态也有一点贡献。计算出的 GeS 和 WS$_2$ 单层的结构和电子特性都与以前计算得到的结果一致[55,66]。

6.3.3 GeS/WS$_2$ 异质结的结构和电子特性

GeS/WS$_2$ 的异质层是由 GeS 和 WS$_2$ 单层依次堆叠而成的。如图 6.6 所示,笔者选择了四种高对称性的堆叠模式。(1)方式(a):GeS 中的 Ge 原子在 WS$_2$ 中的 S 原子的正下方;模式(b):GeS 中的 Ge 原子位于 WS$_2$ 中 W 原子的正下方;方式(c):GeS 中的 Ge 原子位于 WS$_2$ 中六原子环的中心位置之下;

(4)方式(d):GeS 中的 Ge 原子位于 WS₂ 中 W—S 桥的正下方。然而,其他的随机堆积模式也没有在此研究中被考虑,因为它们的总能量较大,热力学稳定性低。笔者得出结论,方式(b)的总能量比其他堆积方式的总能量至少低 178.45 meV。因此,在所有研究的堆积模式中,模式(b)是最稳定的结构,并被选择用于以下计算。对于方式(b)中优化的 GeS/WS₂ 异质层,如图 6.7 所示,GeS 和 WS₂ 单层之间的垂直间隔约为 3.09 Å。为了定量描述界面结合特性,GeS 和 WS₂ 单层之间的结合能(E_b)由以下公式计算:

$$E_b = E_{total} - E_{GeS} - E_{WS_2} \qquad (6.1)$$

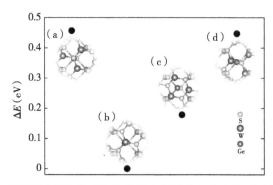

图 6.6 GeS/WS₂ 异质层的四个高对称性堆积方式((a)、(b)、(c)和(d))的相对能量;方式(b)的能量被作为参考值

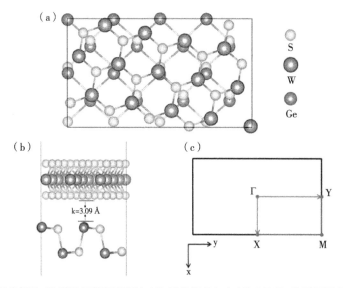

图 6.7 GeS/WS₂ 异质双层的顶视图(a)和侧视图(b);(c)GeS/WS₂ 异质双层的布里渊区

其中 E_{total}、E_{GeS} 和 E_{WS_2} 分别是复合材料、孤立的 GeS 和 WS$_2$ 单层的能量。基于这个定义,较大的 E_b 值代表较强的界面结合。DFT 计算显示,对于 GeS/WS$_2$ 异质结来说,每个原子有相应的小的结合能,即 35.63 meV。结合能和垂直分离都表明 GeS/WS$_2$ 异质结的典型 vdW 相互作用。GeS/WS$_2$ 异质结的结合能大于双层石墨烯的结合能,通过 vdW 校正的 DFT-D 方法计算的结合能是 27.08 meV/atom[76]。分子动力学模拟表明,在室温下,双层石墨烯在水中是稳定的,石墨烯剥离的能垒约为 2.0 eV nm^{-2}[77]。因此,笔者的二维 vdW 异质结在室温下在水中是稳定的。

图 6.8 中显示了混合功能中计算出的带状结构。它证明了 GeS/WS$_2$ 异质结是一个间接带隙为 1.30 eV 的半导体。从分区带缘排列来看,GeS 和 WS$_2$ 的带隙分别为 2.25 eV 和 1.87 eV,这意味着 GeS 和 WS$_2$ 都可以被可见光照射激发。GeS 和 WS$_2$ 的 CBM 定位在 Y 点和沿 Γ−X 线的一点,而 VBM 分别定位在沿 Γ−X 线的一点和点 Γ。此外,计算了 GeS/WS$_2$ 异质结的 TDOS 和 PDOS,结果见图 6.8(右)和图 6.5(c)和(d)。与孤立样品的情况类似,在从 −6 eV 到 4 eV 的范围内,GeS 单层的 VBM 主要由 S 3p 状态占据,略微由 Ge 4s 和 Ge 4p 状态占据,而 WS$_2$ 单层的 VBM 也主要由 W 5d 状态主导,略微由 S 3p 状态占据。在费米级以上,GeS 单层的 CBM 主要由 Ge 4p 状态组成,略微由 Ge 3d 状态组成,而 WS$_2$ 单层的 CBM 主要由 W 5d 状态主导,略微由 S 3p 和 W 6s 状态组成。对于 GeS/WS$_2$ 异质结,VBM 主要由 S 3p 状态占据,略微由 Ge 4s 和 Ge 4p 状态占据,而 CBM 由 W 5d 轨道构成,略微由 S 3p 和 W 6s 轨道构成。在 GeS/WS$_2$ 异质结中,GeS(2.25 eV)和 WS$_2$(1.87 eV)的带隙都小于孤立的 GeS(2.29 eV)和 WS$_2$(2.02)单层的带隙,这可能与 GeS/WS$_2$ 异质结构中 GeS 和 WS$_2$ 单层上出现的小畸变有关。

如图 6.3 和图 6.4 所示,与孤立的单层相比,两个单层的厚度都减少了一些(GeS 单层为 0.04 Å,WS$_2$ 单层为 0.03 Å)。所有的键和键角都有或多或少的变化。为了便于描述,笔者采取平均值来讨论。在扭曲的 GeS 单层中,Ge—S 键的平均长度 d_D 和 l_D 分别为 2.48 Å 和 2.41 Å。S−Ge−S(α_D 和 γ_D)和 Ge−S−Ge(β_D 和 δ_D)的平均键角分别为 96.34°、94.03°、95.92° 和 102.33°。至于扭曲的 WS$_2$ 单层,W−S 的平均键长分别为 2.43 Å,S−W−S(λ_D 和 ν_D)和 W−S−W(κ_D)的平均键角分别为 83.51°、79.58° 和 83.59°。GeS 和 WS$_2$ 单层的小变形可能是由人工晶格应变造成的,而人工晶格应变通常在调节二维光催化材料的电子特性方面起着重要作用[78,79]。应变可以通过晶格错配轻易地施加到二维材料上[42]。因为在异质结中有一个小于 3.13％的微小晶格失配。

为了探讨小畸变对 GeS 和 WS₂ 单层带隙的影响,笔者分别计算了具有相同畸变的 GeS 和 WS₂ 单层的 TDOS 和 PDOS。扭曲的 GeS 和 WS₂ 单层的带隙分别减少了 0.04 eV 和 0.15 eV,表明小扭曲是 GeS/WS₂ 异质结构中 GeS 和 WS₂ 单层的带隙减少的主要原因。如图 6.5(e)和(f)所示,扭曲的 GeS 和 WS₂ 单层的 VBM 和 CBM 分量与孤立单层和 GeS/WS₂ 异质结构几乎相同。从图 6.5(c)和(d)中,笔者可以发现,在 GeS/WS₂ 异质结中,在 GeS 的 CBM 和 WS₂ 的 VBM 处出现了一些微小的内隙态,这可能是由 Ge-4p、W-5d 轨道杂化和 W-5d、S(GeS)-3p 轨道杂化分别引起的。

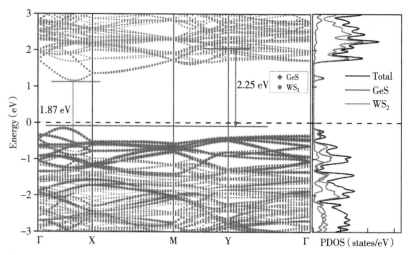

图 6.8 左图是使用 HSE06 泛函计算的 GeS/WS₂ 异质结的带结构,分别由方块和圆形表示 GeS 和 WS₂ 的分区带结构;右图是使用 HSE06 泛函计算的 GeS/WS₂ 异质结的 TDOS 和 GeS 和 WS₂ 的 PDOS;其中费米能级设定为零

6.3.4 GeS/WS₂ 异质结的光催化分解水活性

通过比较 GeS 和 WS₂ 的分区带边电位与 H^+/H_2 和 H_2O/O_2 的氧化还原电位,评估了 GeS/WS₂ 异质结的光催化分解水活性。如图 6.9 所示,GeS 的 CBM 电位比 H^+/H_2 的还原电位高 1.32 eV,而 VBM 的电位不低于 H_2O/O_2 的氧化电位,表明 GeS 单层只适合 HER。WS₂ 的 VBM 的电位比

H_2O/O_2 的氧化电位低 0.29 eV，而 CBM 的电位比 H^+/H_2 的还原电位高 0.37 eV，表明它对 OER 和 HER 都有活性。此外，WS₂ 的 CBM 电位比 GeS 的 VBM 电位高近 1.31 eV，意味着载流子有可能在 WS₂ 的导带（CB）和 GeS 的价带（VB）之间迁移。因此，GeS/WS₂ 异质结是一种具有可见光活性的潜在 Z 型光催化剂。与孤立 GeS 和 WS₂ 的带边位置相比，笔者发现在 GeS/WS₂ 异质结中，GeS 的 CBM 电位上升了 50 meV，WS₂ 的 VBM 降低了 34 meV，表明设计的异质结可以提高 GeS 的还原能力和 WS₂ 的氧化能力。检查 GeS/WS₂ 异质结的静电势，笔者发现 GeS 单层的真空度比 WS₂ 单层的真空度低 6.01 meV。在二维 2D vdW MoSe₂/石墨烯/ HfS₂ 和 MoSe₂/HfS₂ 纳米复合材料中已经报道了真空度的不统一性[80]。如图 6.9（b）所示，这种偏移导致从 GeS 到 WS₂ 的 H_2^+/H_2 和 H_2O/O_2 的氧化还原电位增加 6.01 meV，表明存在一个垂直于 GeS/WS₂ 异质结的内部电场。计算出的 GeS 和 WS₂ 的电离能分别为 5.37 eV 和 6.93 eV。GeS 的电离能比 WS₂ 的小。因此，当 GeS 与 WS₂ 接触时，电子倾向于从 GeS 转移到 WS₂。Bader 电荷分析显示，转移的电子为 0.24e。笔者还根据以下公式计算平面积分电子密度差。

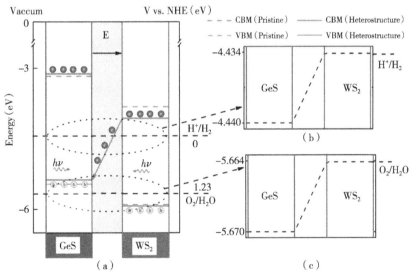

图 6.9　（a）由 HSE06 泛函计算的 GeS 和 WS₂ 的分区带边缘位置，H^+/H_2 和 H_2O/O_2 的氧化还原电位用虚线表示；（b）和（c）分别是（a）中用虚线圆圈标记的 GeS 和 WS₂ 的 H^+/H_2 和 H_2O/O_2 氧化还原电位的局部放大图

$$\Delta\rho = \rho_{\text{total}} - \rho_{\text{GeS}} - \rho_{\text{WS}_2} \qquad (6.2)$$

其中 ρ_{total}，ρ_{GeS} 和 ρ 分别是 GeS/WS₂、GeS 和 WS₂ 的平面平均电子密度。图

6.10 显示了界面形成后的电子重新分布情况。值得注意的是电子重新排列在界面上,这一行为在图 6.10 中直观地显示出来。空穴聚集在靠近 GeS 单层的区域,而电子聚集在靠近 WS_2 单层的区域。

GeS/WS_2 异质结中层间的电荷转移过程是诱发内部电场的主要原因。这个内部电场,从 GeS 指向 WS_2,垂直于异质结。当 GeS/WS_2 异质结被可见光照射时,对于 GeS 和 WS_2 单层,电子从 VB 到 CB 被光激发出来。为了将水分成 H_2 和 O_2 气体,GeS 的 CB 中的光激发电子会将 H^+ 还原成 H_2,而 WS_2 的 VB 中光产生的空穴会将水氧化成 O_2,然而,一些电子-空穴对在进行 HER 或 OER 之前又重新结合。由于 HER 和 OER 的进行,剩余的电子和空穴将分别聚集在 WS_2 的 CB 和 GeS 的 VB 中。这种内部电场增强了 GeS 的 VB 和 WS_2 的 CB 之间有利的载流子迁移过程。同时,它有效地防止了不利的光激发电子从 GeS 的 CB 向 WS_2 的 CB 迁移,以及光产生的空穴从 WS_2 的 VB 向 GeS 的 VB 迁移。类似于直接的 Z-scheme $MoSe_2$/HfS_2[80] 和 g-C_3N_4/TiO_2 异质结构相似[81]。设计的 GeS/WS_2 异质结可以成为一个直接的 Z-scheme 光催化剂,它不仅提高了 GeS 的产氢能力和 WS_2 的产氧能力,而且通过降低带隙提高了两个单层的光吸收。如图 6.11 所示,相关的介电函数被计算为表征光吸收的指标。与孤立单层相比,扭曲的 GeS 和 WS_2 单层的吸收波长分别出现了红移。位于两层之间的内部电场有效地促进了光生电子-空穴对空间分离,抑制了光生载流子的复合,这使得该异质结具有较高的光催化效率。

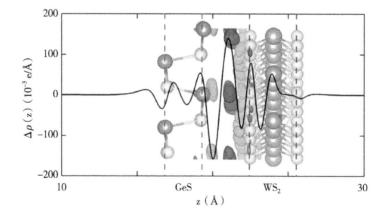

图 6.10 对于 GeS/WS_2 异质结,沿垂直方向的平面积分电子密度差;插入物表示 GeS/WS_2 异质结的电子密度差的 3D 等值面

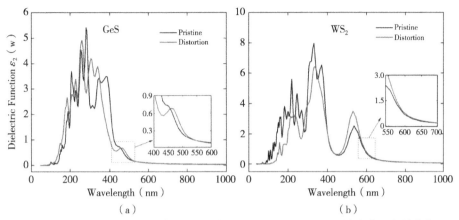

图 6.11　用 HSE06 泛函计算自由的和扭曲的 GeS(a) 和 WS₂(b) 的介电函数的虚部

6.3.5　GeS/WS₂ 异质结的催化稳定性

通常情况下,垂直堆叠的异质层的界面距离,是由弱的范德华力固定在一起的,可能会受到不同的实验条件的影响,如真空度、退火温度和/或退火时间等[82]。图 6.12(h) 给出了异质结的相对结合能与 GeS 和 WS₂ 的界面距离的曲线。它表明,当界面距离 k 约为 3.09 Å 时,相对结合能最低,这表明界面距离 k 为 3.09 Å 的 GeS/WS₂ vdW 异质结构是最稳定的。为了定量描述结合能变化的幅度,结合能梯度(η)被计算为:

$$\eta = (\Delta E / 35.63) \times 100\%　(6.3)$$

其中 ΔE 是异质结在 GeS 和 WS₂ 之间不同界面距离时的相对结合能。35.63 是平衡界面距离时异质合金的结合能值。笔者指出,当界面距离小于2.49 Å 或大于 3.69 Å 时,η 相当大(76.63% 和 29.25%),表明该过程几乎没有发生。然而,当界面距离大于 2.89 Å 和小于 3.29 Å 时,η 会相对较小(4.15% 和 5.61%)。因此,在合成过程中,异质结的界面距离可能会在平衡位置小范围内波动。最近,许多报告表明,许多二维虚拟异质结构的电子特性可能会受到界面距离的明显影响,例如,硅烯/AsSb[83],石墨烯/磷化氢[84],石墨烯/MoS₂[85],以及石墨烯/硅烯[86]。在作为直接 Z 型光催化剂的应用中,保持 GeS/WS₂ 异质结构的电子带边缘的适当位置是确定太阳能转换过程中能力的一个重要指标。如图 6.12(a)—(g) 所示,不同层间距离的 GeS/WS₂ 异质结构被证实具有相似的电子结构。此外,从图 6.12(j) 和 (k),笔者可以清楚地发现，GeS 的 CBM 的电位总是高于 H_2^+/H 的还原电位，而 WS_2 的 VBM 的电位一直低于 H_2O/O_2 的氧化电位。很明显，与 GaS/GaSe 异质结构类似[87]，GeS/WS_2 异质结构的电子结构对层间距离的敏感性相当弱，可以很好地保留光催化的水分裂能力，这对这种异质结的合成和应用非常有利。如前所述，由电荷载体转移引起的内部电场是影响光催化活性的另一个重要因素。

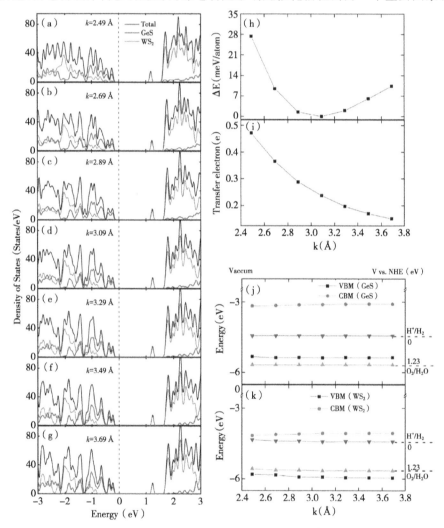

图 6.12 利用 HSE06 泛函计算了不同界面距离下 GeS/WS_2 异质结的 TDOS 和 GeS 和 WS_2 的 PDOS，费米能级设定为零；GeS/WS_2 异质双层在不同界面距离下的电子转移（i）和相对带能量（h）取决于最低能量配置的原点；GeS(j) 和 WS_2（k）在由 HSE06 泛函计算的不同层间距下的分区带边位置

如图 6.12(i)所示,层间距离对电荷载体的转移有影响。基于 Bader 电荷分析,笔者发现更多的电子($0.15e$,$0.17e$,$0.20e$,$0.24e$,$0.29e$,$0.36e$ 和 $0.47e$,对于界面距离 $k = 3.69$ Å,3.49 Å,3.29 Å,3.09 Å,2.89 Å,2.69 Å 和 2.49 Å)从 GeS 到 WS₂ 的转移,因为界面距离从 3.69 Å 到 2.49 Å 减少,表明内部电场被增强。因此,在笔者的研究范围内,减少界面距离可以提高异质结的催化活性。

6.4　结论

总之,笔者在 DFT 计算理论基础上探讨了二维 vdW GeS/WX₂(X＝O,S,Se,Te)异质结的电子结构和相关性质。结果证明,GeS/WX₂(X＝O,Se,Te)异质结由于各自不适合的电子结构而不能形成直接的 Z-scheme 系统,而 GeS/WS₂ 异质结可以被设计成直接的 Z-scheme 光催化剂,用于整体的分解水。GeS 和 WS₂ 单层分别作为 HER 和 OER 的光催化剂。电子转移是在两个单层之间的界面区域观察到的,这诱发了一个从 GeS 指向 WS₂ 的内部电场。这个内部电场可以促进电荷载体在界面上的分离。更值得注意的是,GeS/WS₂ 异质结的设计增强了 GeS 的还原能力和 WS₂ 的氧化能力,降低了两个单层的带隙,这可以显著提高光催化活性。此外,通过缩小层间距离可以增强内部电场,这为在实验中提高这种 vdW 异质结的光催化能力提供了一种新的方法。由二维 vdW 异质结形成的直接 Z 型光催化剂的开发是一种有前景的整体分解水制氢的方法。

参考文献

[1] BARD A J,FOX M A. Artificial photosynthesis:Solar splitting of water to hydrogen and oxygen[J]. Accounts of Chemical Research,1995,28:5.

[2] FUJISHIMA A,HONDA K. Electrochemical Photolysis of Water at a Semiconductor Electrode[J]. Nature,1972,238:37－38.

[3] KATO H,KUDO A. Visible-Light-Response and Photocatalytic Activ-

ities of TiO_2 and $SrTiO_3$ Photocatalysts Codoped with Antimony and Chromium[J]. Journal of Physical Chemistry B, 2002, 106: 5029 — 5034.

[4] SAYAMA K, MUKASA K, ABE R, et al. Stoichiometric water splitting into H_2 and O_2 using a mixture of two different photocatalysts and an IO^{3-}/I^- shuttle redox mediator under visible light irradiation[J]. Chemical Communications, 2001, 2416—2417.

[5] DARWENT J R, MILLS A. Photo-oxidation of water sensitized by WO_3 powder[J]. Journal of the Chemical Society, Faraday Trans, 1982, 2(78): 359—367.

[6] KUDO A, OMORI K, KATO H. A Novel Aqueous Process for Preparation of Crystal Form-Controlled and Highly Crystalline $BiVO_4$ Powder from Layered Vanadates at Room Temperature and Its Photocatalytic and Photophysical Properties[J]. Journal of the Chemical Society, 1999, 121: 11459—11467.

[7] KATO H, KOBAYASHI H, KUDO A. Role of Ag^+ in the Band Structures and Photocatalytic Properties of $AgMO_3$(M: Ta and Nb)with the Perovskite Structure[J]. Journal of Physical Chemistry B, 2002, 106: 12441—12447.

[8] ISHIKAWA A, TAKATA T, KONDO J N, et al. Oxysulfide $Sm_2Ti_2S_2O_5$ as a Stable Photocatalyst for Water Oxidation and Reduction under Visible Light Irradiation($\lambda \leqslant 650$ nm)[J]. Journal of Physical Chemistry B, 2002, 124: 13547—13553.

[9] ISHII T, KATO H, KUDO A. H_2 evolution from an aqueous methanol solution on $SrTiO_3$ photocatalysts codoped with chromium and tantalum ions under visible light irradiation[J]. Journal of Photochemistry And Photobiology A, 2004, 163: 181—186.

[10] KONTA R, ISHII T, KATO H, et al. Photocatalytic Activities of Noble Metal Ion Doped $SrTiO_3$ under Visible Light Irradiation[J]. Journal of Physical Chemistry B, 2004, 108: 8992—8995.

[11] YAMASITA D, TAKATA T, HARA M, et al. Recent progress of visible-light-driven heterogeneous photocatalysts for overall water splitting[J].

Solid State Ionics,2004,172:591—595.

[12] PARK T Y,CHOI Y S,KIM S M,et al. Electroluminescence emission from light-emitting diode of p-ZnO/(InGaN/GaN)multiquantum well/n-GaN[J]. Applied Physics Letters,2011,98:251111.

[13] CARDONA M. Optical Properties and Band Structure of SrTiO₃ and BaTiO₃[J]. Physical Review Letters,1965,140:A651—A655.

[14] MAEDA K. Z-Scheme Water Splitting Using Two Different Semiconductor Photocatalysts[J]. ACS Catalysis,2013,3:1486—1503.

[15] ZHOU P,YU J G. JARONIEC M,All-Solid-State Z-Scheme Photocatalytic Systems[J]. Advanced Materials,2014,26:4920—4935.

[16] WANG Q,HISATOMI T,MA S S K,et al. Core/Shell Structured La-and Rh-Codoped SrTiO₃ as a Hydrogen Evolution Photocatalyst in Z-Scheme Overall Water Splitting under Visible Light Irradiation[J]. Chemistry of Materials,2014,26:4144—4150.

[17] JIA Q,IWASE A,KUDO A. BiVO₄—Ru/SrTiO₃:Rh composite Z-scheme photocatalyst for solar water splitting[J]. Chemical Science,2014,5:1513—1519.

[18] ZHANG L J,LI S,LIU B K,et al. Highly Efficient CdS/WO₃ Photocatalysts:Z-Scheme Photocatalytic Mechanism for Their Enhanced Photocatalytic H₂ Evolution under Visible Light[J]. ACS Catalysis,2014,4:3724—3729.

[19] JU L,DAI Y,WEI W,et al. DFT investigation on two-dimensional GeS/WS₂ van der Waals heterostructure for direct Z-scheme photocatalytic overall water splitting [J]. Applied Surface Science,2018,434:365.

[20] LI X,SHEN R,MA S,et al. Graphene-based heterojunction photocatalysts[J]. Applied Surface Science,2017,08:194.

[21] LI X,YU J,WAGEH S,et al. Graphene in Photocatalysis:A Review [J]. Small,2016,12:6640—6696.

[22] LOW J,JIANG C,CHENG B,et al. A Review of Direct Z-Scheme Photocatalysts[J]. Small Methods,2017,1:1700080.

[23] LOW J,YU J,JARONIEC M,et al. Heterojunction Photocatalysts[J].

Advanced Materials,2017,29:1601694.

[24] WANG X,LIU G,CHEN Z G,et al. Enhanced photocatalytic hydrogen evolution by prolonging the lifetime of carriers in ZnO/CdS heterostructures[J]. Chemical Communications,2009:3452—3454.

[25] WANG J C,ZHANG L,FANG W X,et al. Enhanced Photoreduction CO_2 Activity over Direct Z-Scheme α-Fe_2O_3/Cu_2O Heterostructures under Visible Light Irradiation[J]. ACS Applied Materials & Interfaces,2015,7:8631—8639.

[26] MENG A,ZHU B,ZHONG B,et al. Direct Z-scheme TiO_2/CdS hierarchical photocatalyst for enhanced photocatalytic H_2-production activity[J]. Applied Surface Science,2017,422:518—527.

[27] PAN L,ZHANG J,JIA X,et al. Highly efficient Z-scheme WO_{3-x} quantum dots/TiO_2 for photocatalytic hydrogen generation[J]. Chinese Journal of Catalysis,2017,38:253—259.

[28] SONG C,WANG X,ZHANG J,et al. Enhanced performance of direct Z-scheme CuS-WO_3 system towards photocatalytic decomposition of organic pollutants under visible light[J]. Applied Surface Science,2017,425:788—795.

[29] TANG H,FU Y,CHANG S,et al. Construction of Ag_3PO_4/Ag_2MoO_4 Z-scheme heterogeneous photocatalyst for the remediation of organic pollutants[J]. Chinese Journal of Catalysis,2017,38:337—347.

[30] LU J,WANG Y,LIU F,et al. Fabrication of a direct Z-scheme type WO_3/Ag_3PO_4 composite photocatalyst with enhanced visible-light photocatalytic performances[J]. Applied Surface Science,2017,393:180—190.

[31] XU F,XIAO W,CHENG B,et al. Direct Z-scheme anatase/rutile biphase nanocomposite TiO_2 nanofiber photocatalyst with enhanced photocatalytic H_2-production activity[J]. International Journal of Hydrogen Energy,2014,39:15394—15402.

[32] CUI M,YU J,LIN H,et al. In-situ preparation of Z-scheme AgI/Bi_5O_7I hybrid and its excellent photocatalytic activity[J]. Applied Surface Science,2016,387:912—920.

[33] DI T,ZHU B,CHENG B,et al. A direct Z-scheme g-C₃N₄/SnS₂ photocatalyst with superior visible-light CO₂ reduction performance[J]. Journal of Catalysis,2017,352:532－541.

[34] HE K,XIE J,LUO X,et al. Enhanced visible light photocatalytic H₂ production over Z-scheme g-C₃N₄ nansheets/WO₃ nanorods nanocomposites loaded with Ni(OH)ₓ cocatalysts[J]. Chinese Journal of Catalysis,2017,38:240－252.

[35] LI J,YUAN H,ZHU Z. Improved photoelectrochemical performance of Z-scheme g-C₃N₄/Bi₂O₃/BiPO₄ heterostructure and degradation property[J]. Applied Surface Science,2016,385:34－41.

[36] LI J,ZHANG M,LI Q,et al. Enhanced visible light activity on direct contact Z-scheme g-C₃N₄-TiO₂ photocatalyst[J]. Applied Surface Science,2017,391:184－193.

[37] YU J,WANG S,LOW J,et al. Enhanced photocatalytic performance of direct Z-scheme g-C₃N₄-TiO₂ photocatalysts for the decomposition of formaldehyde in air[J]. Physical Chemistry Chemical Physics,2013,15:16883－16890.

[38] LUO J,ZHOU X,MA L,et al. Rational construction of Z-scheme Ag₂CrO₄/g-C₃N₄ composites with enhanced visible-light photocatalytic activity[J]. Applied Surface Science,2016,390:357－367.

[39] ZHU C,ZHANG L,JIANG B,et al. Fabrication of Z-scheme Ag₃PO₄/MoS₂ composites with enhanced photocatalytic activity and stability for organic pollutant degradation[J]. Applied Surface Science,2016,377:99－108.

[40] WANG S,YANG X,ZHANG X,et al. A plate-on-plate sandwiched Z-scheme heterojunction photocatalyst:BiOBr-Bi₂MoO₆ with enhanced photocatalytic performance[J]. Applied Surface Science,2017,391:194－201.

[41] SANG Y,ZHAO Z,ZHAO M,et al. From UV to Near-Infrared,WS₂ Nanosheet:A Novel Photocatalyst for Full Solar Light Spectrum Photodegradation[J]. Advanced Materials,2015,27:363－369.

[42] JIAO Y,ZHOU L,MA F,et al. Predicting Single-Layer Technetium

Dichalcogenides(TcX$_2$,X = S,Se)with Promising Applications in Photovoltaics and Photocatalysis[J]. ACS Applied Materials & Interfaces, 2016,8:5385—5392.

[43] GUO Z,ZHOU J,ZHU L,et al. MXene:a promising photocatalyst for water splitting[J]. Journal of Materials Chemistry A, 2016, 4:11446 — 11452.

[44] JIANG X,WANG P,ZHAO J. 2D covalent triazine framework:a new class of organic photocatalyst for water splitting[J]. Journal of Materials Chemistry A,2015,3:7750—7758.

[45] ZHUANG H L,HENNIG R G. Single-Layer Group-III Monochalcogenide Photocatalysts for Water Splitting[J]. Chemistry of Materials, 2013,25:3232—3238.

[46] ZHUANG H L,HENNIG R G. Computational Search for Single-Layer Transition-Metal Dichalcogenide Photocatalysts[J]. Journal of Physical Chemistry C,2013,117:20440—20445.

[47] SUN Y,SUN Z,GAO S,et al. Fabrication of flexible and freestanding zinc chalcogenide single layers [J]. Nature Communication, 2012, 3:1057.

[48] WANG X,MAEDA K,THOMAS A,et al. A metal-free polymeric photocatalyst for hydrogen production from water under visible light [J]. Nature Materials,2009,8:76—80.

[49] JIANG X,NISAR J,PATHAK B,et al. Graphene oxide as a chemically tunable 2-D material for visible-light photocatalyst applications[J]. Journal of Catalysis,2013,299:204—209.

[50] YEH T F,SYU J M,CHENG C,et al. Graphite Oxide as a Photocatalyst for Hydrogen Production from Water[J]. Advanced Functional Materials,2010,20:2255—2262.

[51] LIU J,LI X B,WANG D,et al. Diverse and tunable electronic structures of single-layer metal phosphorus trichalcogenides for photocatalytic water splitting [J]. Journal of Chemical Physics, 2014, 140:054707.

[52] SINGH A K,MATHEW K,ZHUANG H L,et al. Computational

Screening of 2D Materials for Photocatalysis[J]. Journal of Physical Chemistry Letters,2015,6:1087—1098.

[53] ZHANG X,LEI J,WU D,et al. A Ti-anchored Ti_2CO_2 monolayer (MXene)as a single-atom catalyst for CO oxidation[J]. Journal of Materials Chemistry A,2016,4:4871—4876.

[54] HONG X,KIM J,SHI S F,et al. Ultrafast charge transfer in atomically thin MoS_2/WS_2 heterostructures[J]. Nature Nanotechnology,2014,9:682—686.

[55] LI F,LIU X,WANG Y,et al. Germanium monosulfide monolayer:a novel two-dimensional semiconductor with a high carrier mobility[J]. Journal of Materials Chemistry C,2016,4:2155—2159.

[56] LV X,WEI W,SUN Q,et al. Two-dimensional germanium monochalcogenides for photocatalytic water splitting with high carrier mobility [J]. Applied Catalysis B:Environmental,2017,217:275—284.

[57] ELÍAS A L,PEREA-LÓPEZ N,CASTRO-BELTRÁN A,et al. Controlled Synthesis and Transfer of Large-Area WS_2 Sheets:From Single Layer to Few Layers[J]. ACS Nano,2013,7:5235—5242.

[58] GUTIÉRREZ H R,PEREA-LÓPEZ N,ELÍAS A L,et al. Extraordinary Room-Temperature Photoluminescence in Triangular WS_2 Monolayers[J]. Nano Letters,2013,13:3447—3454.

[59] HUANG J K,PU J,HSU C L,et al. Large-Area Synthesis of Highly Crystalline WSe_2 Monolayers and Device Applications[J]. ACS Nano,2014,8:923—930.

[60] LIU W,KANG J,SARKAR D,et al. Role of Metal Contacts in Designing High-Performance Monolayer n-Type WSe_2 Field Effect Transistors[J]. Nano Letters,2013,13:1983—1990.

[61] CHHOWALLA M,SHIN H S,EDA G,et al. The chemistry of two-dimensional layered transition metal dichalcogenide nanosheets[J]. Nature Chemistry,5:(2013)263—275.

[62] WANG H,FENG H,LI J. Graphene and Graphene-like Layered Transition Metal Dichalcogenides in Energy Conversion and Storage[J]. Small,2014,10:2165—2181.

[63] JARIWALA D,SANGWAN V K,LAUHON L J,et al. Emerging Device Applications for Semiconducting Two-Dimensional Transition Metal Dichalcogenides [J]. ACS Nano,2014,8:1102—1120.

[64] ZACHARIASEN W H. The Crystal Lattice of Germano Sulphide,GeS [J]. Physical Review Letters,1932,40:917—922.

[65] ZHU Z Y,CHENG Y C,SCHWINGENSCHLÖGL U. Giant spin-orbit-induced spin splitting in two-dimensional transition-metal dichalcogenide semiconductors[J]. Physical Review B,2011,84:153402.

[66] HE X,LI H,ZHU Z,et al. Strain engineering in monolayer WS_2, MoS_2, and the WS_2/MoS_2 heterostructure[J]. Applied Physics Letters,2016,109:173105.

[67] ZENG F,ZHANG W B,TANG B Y. Electronic structures and elastic properties of monolayer and bilayer transition metal dichalcogenides MX_2 (M = Mo,W; X = O,S,Se,Te):A comparative first-principles study[J]. Applied Physics Letters,2015,24:097103.

[68] KANG J,TONGAY S,ZHOU J,et al. Band offsets and heterostructures of two-dimensional semiconductors[J]. Applied Physics Letters, 2013,102:012111.

[69] KRESSE G,FURTHMÜLLER J. Efficient iterative schemes for ab initio total-energy calculations using a plane-wave basis set[J]. Physical Review B,1996,54:11169—11186.

[70] KRESSE G,FURTHMÜLLER J. Efficiency of ab-initio total energy calculations for metals and semiconductors using a plane-wave basis set [J]. Computational Materials Science,1996,6:15—50.

[71] BLÖCHL P E. Projector augmented-wave method[J]. Physical Review B,1994,50:17953—17979.

[72] KRESSE G,JOUBERT D. From ultrasoft pseudopotentials to the projector augmented-wave method [J]. Physical Review B, 1999, 59: 1758 — 1775.

[73] PERDEW J P,BURKE K,ERNZERHOF M. Generalized Gradient Approximation Made Simple[J]. Applied Physics Letters, 1996, 77: 3865 — 3868.

[74] HEYD J,SCUSERIA G E,ERNZERHOF M. Hybrid functionals based on a screened Coulomb potential[J]. Journal of Materials Chemistry, 2003,118:8207—8215.

[75] GRIMME S. Semiempirical GGA-type density functional constructed with a long-range dispersion correction[J]. Journal of Computational Chemistry,2006,27:1787—1799.

[76] MOSTAANI E,DRUMMOND N D,FAL'KO V I. Quantum Monte Carlo Calculation of the Binding Energy of Bilayer Graphene[J]. Physical Review Letters,2015,115:115501.

[77] YANG P,LIU F. Understanding graphene production by ionic surfactant exfoliation:A molecular dynamics simulation study[J]. Journal of Applied Physics,2014,116:014304.

[78] CHEN Y,SUN Q,JENA P. SiTe monolayers:Si-based analogues of phosphorene[J]. Journal of Materials Chemistry C,2016,4:6353—6361.

[79] QIAN X,FU L,LI J. Topological crystalline insulator nanomembrane with strain-tunable band gap[J]. Nano Research,2015,8:967—979.

[80] FU C F,LUO Q,LI X,et al. Two-dimensional van der Waals nano-composites as Z-scheme type photocatalysts for hydrogen production from overall water splitting[J]. Journal of Materials Chemistry A, 2016,4:18892—18898.

[81] LIU J,CHENG B,YU J. A new understanding of the photocatalytic mechanism of the direct Z-scheme g-C₃N₄/TiO₂ heterostructure[J]. Physical Chemistry Chemical Physics,2016,18:31175—31183.

[82] TONGAY S,FAN W,KANG J,et al. Tuning Interlayer Coupling in Large-Area Heterostructures with CVD-Grown MoS₂ and WS₂ Mono-layers[J]. Nano Letters,2014,14:3185—3190.

[83] JIN C,DAI Y,WEI W,et al. Modulation of silicene properties by AsSb with van der Waals interaction[J]. RSC Advances,2017,7:5827—5835.

[84] HU W,WANG T,YANG J. Tunable Schottky contacts in hybrid graphene-phosphorene nanocomposites[J]. Journal of Materials Chemis-

try C,2015,3:4756—4761.

[85] HU W,WANG T,ZHANG R,et al. Effects of interlayer coupling and electric fields on the electronic structures of graphene and MoS$_2$ hetero-bilayers[J]. Journal of Materials Chemistry C,2016,4:1776—1781.

[86] HU W, YANG J. First-principles study of two-dimensional van der Waals heterojunctions[J]. Computational Materials Science,2016,112:518—526.

[87] WEI W,DAI Y,NIU C,et al. Electronic properties of two-dimensional van der Waals GaS/GaSe heterostructures[J]. Journal of Materials Chemistry C,2015,3:11548—11554.

第七章 g-C$_3$N$_4$/MoS$_2$ 分解水光催化剂中用于界面电荷转移的金属高速通道

概述

"Z"型异质结构因其优异的光催化性能而受到广泛关注。然而,其电荷传递机理尚不明确,如何设计用于界面电荷传递的高速通道仍然是一个很大的挑战。本章系统地研究了 g-C$_3$N$_4$/MoS$_2$ 异质结的能带结构和界面处的电荷转移。通过分析界面处能带弯曲,本工作证明了 g-C$_3$N$_4$/MoS$_2$ 异质结可以形成直接"Z"型异质结。遗憾的是,这种异质结在表面具有较低的隧穿几率,严重限制了光催化效率。为了解决这个问题,笔者尝试用合适的金属在界面处建立高速电荷传输通道。笔者对 M-C$_3$N$_4$ 和 M-MoS$_2$ 异质结(M=Ag、Al、Au 和 Pt)的界面进行了深入的研究。笔者的研究结果表明,Ag 可以提高界面上载流子的复合效率,这可以很好地解释实验中发现的现象:负载银颗粒后,g-C$_3$N$_4$/MoS$_2$ 体系的光催化活性增强。更值得注意的是,在 Al-C$_3$N$_4$ 界面处,肖特基势垒和隧穿势垒均消失,形成欧姆接触,这预示着更高的电荷传递性能。因此,具有更优异性能和更高丰度的铝是一种很有前途的代替银的候选材料。

7.1 研究背景

由于能源危机和环境污染的不断加剧,光催化技术近年来引起了人们的广泛关注,被认为是解决这些问题的一种很有前途的技术。用颗粒半导体光催化制氢是将太阳能转化为化学能的"绿色"途径。自从"本多-藤岛效应"被发现[1]以来,很多人都在努力探索用于分解水的单组分光催化剂[2-5]。遗憾的是,这些单组分光催化剂很难具有高的电荷分离效率,而高的电荷分离效率是理想析氢光催化剂的重要特征。具有Ⅱ型能带对齐结构的复合光催化系统通常用于改善电荷分离效率[6-11]。如图 7.1 所示，根据光生电荷转移途径，这些复合光催化体系主要分为"O"型和"Z"型。对于"O"型异质结光催化剂（如图 7.1(a)所示），光产生的电子会从半导体 Ao 转移到半导体 Bo，而光激发空穴在光照射下会向相反方向迁移，导致电子-空穴对的空间分离。但"O"型异质结光催化剂的氧化还原能力较弱，不利于 H_2 的生成。此外，"O"型体系要求组分材料本身都能完全分解水产生 O_2 和 H_2，这大大限制了组分材料的范围。对于"Z"型复合材料（如图 7.1(b)所示），有三种组分，即用于氧化（Az）和还原（Bz）的光催化剂，以及用于载流子迁移的氧化还原介质。Az 的 CB 中的光激发电子参与了还原反应，Bz 的 VB 中的光产生空穴参与了氧化反应。然后那些剩余的光生载流子迁移到氧化还原介质中，并在那里重组。因此，"Z"型复合物可以在空间上分离光生电荷并优化氧化还原电位。用于还原和氧化的光催化剂，它们本身不一定适合于整体的分解水，它们被精心结合以将分解水成氢和氧。因此，构建"Z"型体系使更多的光催化剂可用于整体的分解水，到目前为止，科研人员在这一领域已经做了大量工作[12-17]。

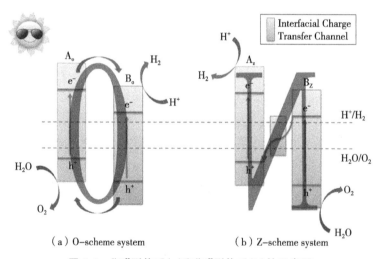

（a）O-scheme system   （b）Z-scheme system

图 7.1 "O"型体系（a）和"Z"型体系（b）的示意图

众所周知，与块状材料相比，具有二维结构的层状材料通常具有更大的比表面积、更多的活性位点和更短的载流子迁移距离，因此具有更高的光催化性能。g-C_3N_4[19-21] 和 MoS_2[22-24] 都是典型的 2D 材料，广泛用作催化材料。此外，通过在 g-C_3N_4 纳米片上负载 MoS_2 纳米颗粒和 g-C_3N_4 块体与 MoS_2 块体耦合,制备了 $g\text{-}C_3N_4/MoS_2$ 复合光催化剂[25-27]。然而,由 $g\text{-}C_3N_4$ 和 MoS_2 纳米片组成的 2D $g\text{-}C_3N_4/MoS_2$ 异质结的合成鲜有报道。最近,Fang 等成功合成了 2D $g\text{-}C_3N_4/MoS_2$ 异质结(使用 $g\text{-}C_3N_4$ 薄片和由微小纳米片组装的 MoS_2 微球),发现其光催化产氢活性明显高于纯 $g\text{-}C_3N_4$ 和 MoS_2[28]。先前的"O"型电荷转移机制无法有效地解释 $g\text{-}C_3N_4/MoS_2$ 在 HER 中光催化活性的增强。在本文中,笔者将按照"Z"型转移机制来解释它。

此外,大量研究表明贵金属可以提高"Z"型系统的光催化效率[14, 28]。除了局域表面等离子体共振(LSPR)效应提高了光吸收性能外,贵金属还可作为一种独特的载流子转移通道。然而,形成这种独特的载流子转移通道的机制尚不清楚。此外,为了实现"Z"型化合物的大规模生产,需要降低产品成本。因此,寻找一些更便宜的金属来取代贵金属是非常必要的。在本研究中,笔者除了探讨 Ag 负载的 $g\text{-}C_3N_4/MoS_2$($g\text{-}C_3N_4/Ag/MoS_2$)光催化活性提高的原因外,笔者还研究了其他金属(金、铂和铝)取代银用作构建高速电荷传输通道的可能性。

7.2　研究方法

本研究中,用到的单层 MoS_2 和 $g\text{-}C_3N_4$ 的晶格常数分别为 3.19 Å 和 4.78 Å,这与之前的实验测量和理论计算结果一致[29-31]。笔者选择一个 2×2 大小的 $g\text{-}C_3N_4$ 的超晶胞(12 个碳原子和 16 个氮原子)和一个 3×3 大小的 MoS_2 的超晶胞(9 个钼原子和 18 个硫原子)组成 $g\text{-}C_3N_4/MoS_2$ 范德华异质结。在 $g\text{-}C_3N_4/MoS_2$ 范德华异质结中,$g\text{-}C_3N_4$ 和 MoS_2 的晶格失配均小于 0.01%。笔者选择 VASP 软件包来执行基于 DFT 的第一性原理计算[32, 33]。选择 PAW 和 GGA 来表征价电子与原子核彼此之间的作用力[34-36]。采用 HSE06[37] 杂化泛函评估电子结构,以避免 PBE 泛函对带隙的低估。笔者在垂直方向上添加了 20 Å 的真空层,并用 Grimme 提出的 PBE+D2(D 代表色散)vdW 校正[38] 描述层间的远程范德华相互作用。另外,笔者考虑了偶极子校正,并将截止能量设为 500 eV。对于二维布里渊区采样,笔者通过选择 $3 \times 3 \times 1$ Monkhorst-Pack k 网格进行几何结构弛豫,直至残余力和能量差分别小于 0.02 eVÅ⁻¹ 和 10^{-5} eV。

为了评价异质结构的构型稳定性,结合能由下式计算:

$$E_b = (E_{A/B} - E_A - E_B)/N \tag{7.1}$$

式中 $E_{A/B}$，E_A 和 E_B 分别为堆叠的 A/B 异质结的总能量，组分 A 的总能量和组分 B 的总能量；N 为异质结构界面上的原子数。

平面积分电荷密度差按下式计算：

$$\Delta\rho = \rho_{A/B} - \rho_A - \rho_B \tag{7.2}$$

其中 $\rho_{A/B}$，ρ_A 和 ρ_B 分别为复合材料 A/B 的平面平均电子密度，组分 A 平面平均电子密度和 B 的平面平均电子密度。通过电荷差分析，笔者研究了在沿垂直于界面方向上，电荷重新分布的情况。

这里，笔者用一个平方势垒代替真实势垒，并使用 WKB 公式计算隧穿几率（T_B）：

$$T_B = exp\left(-2\frac{\sqrt{2m\Delta V}}{\hbar} \times w_B\right) \tag{7.3}$$

式中 m 和 $\hbar$ 是自由电子的质量和约化的普朗克常数，ΔV 和 w_B 分别是假设的平方势垒的高度和宽度。

7.3　研究结果与讨论

7.3.1　孤立的 MoS_2 和 $g-C_3N_4$ 单层

首先，笔者分别对孤立 MoS_2 和 $g-C_3N_4$ 单层膜的几何结构和电子性能进行研究。优化后的 MoS_2 薄片具有蜂窝结构。Mo—S 键的长度为 2.41 Å，垂直 S—S 距离为 3.12 Å。MoS_2 单层的直接带隙为 1.98 eV，VBM 和 CBM 均位于 K 点（图 7.2）。如图 7.4(b)所示，从 MoS_2 单分子层的 PDOS 可以看出，VBM 和 CBM 主要由 Mo 的 4d 和 S 的 3p 杂化轨道贡献。对于平面 $g-C_3N_4$ 单分子层，在化学环境上有两种 N 原子（N1 和 N2）。N1 原子只连接两个 C 原子，具有非成键特征，而 N2 原子被旁边的 C 原子完全饱和。每个 C 原子都被三个最近的 N 原子包围着。C—N1 和 C—N2 键的长度分别为 1.33 Å 和 1.46 Å。$g-C_3N_4$ 单层为半导体，直接能隙为 2.81 eV，VBM 和 CBM 均位居 Γ 点。根据 $g-C_3N_4$ 的 PDOS（如图 7.3 所示），笔者发现 VBM 主要由 N1 的 2p 轨道主导，CBM 主要由 N1 的 2p 轨道和 C 的 2p 轨道的杂化贡献。这些对孤立的 MoS_2 和 $g-C_3N_4$ 单分子层计算结果与之前报道的结果是一致的[30,39]。

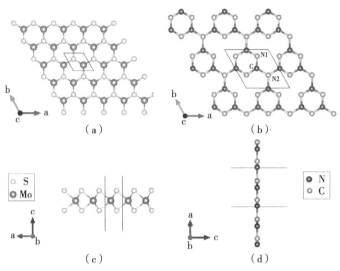

图 7.2　(a)MoS_2 单层的顶视图和(b)侧视图；(c)g-C_3N_4 单层的顶视图和(d)侧视图；黑线表示单元格

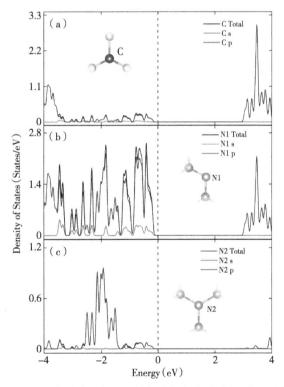

图 7.3　g-C_3N_4 单层中个别碳和氮原子的部分状态密度；插图表示这些原子的位置

为了评估孤立的 g-C₃N₄ 和 MoS₂ 单层膜的氧化还原能力,笔者计算了他们相对于真空能级的带边位置。相对于真空能级,g-C₃N₄ 和 MoS₂ 单层膜的 CBM 分别为 -3.25 eV 和 -4.29 eV,而 VBM 分别为 -6.07 eV 和 -6.27 eV。它们分别超过了 H^+/H_2 的标准还原电位(相对于真空水平为 -4.44 eV)和 O_2/H_2O 的标准氧化电位(相对于真空水平为 -5.67 eV)。因此,g-C₃N₄ 和 MoS₂ 单层膜均可用于完全光解水,这与之前的理论结果也是一致的[23,40]。

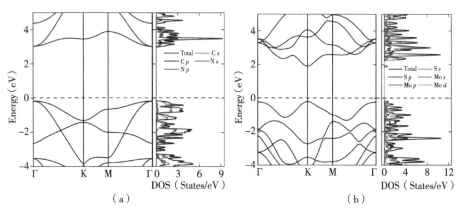

图 7.4 使用 HSE06+D2 计算的(a)g-C₃N₄ 单层的带状结构(左)和计算的部分状态密度(右);(b)MoS₂ 单层的带状结构(左)和计算的部分状态密度(右),费米级被设置为零

7.3.2 g-C₃N₄/MoS₂ 范德华异质结

g-C₃N₄/MoS₂ 异质结的几何和电子结构

笔者堆叠 MoS₂ 和 g-C₃N₄ 单膜来构建 g-C₃N₄/MoS₂ 复合体系。对于优化后的 g-C₃N₄/MoS₂ 异质结,计算细节见表 7.1。如图 7.5(b)所示,g-C₃N₄ 存在明显的几何畸变,对应的垂直高度(d_2)约为 0.89 Å。异质结的层间垂直距离(d_1)约为 3.05 Å,原子结合能为 31.96 meV/atom。异质结的结合能大于双层石墨烯的结合能(27.08 meV/atom)[41]。由于分子动力学模拟计算结果已经证明,双层石墨烯在室温下的水中是稳定的[42],因此 g-C₃N₄/MoS₂ 异质结也可认为在室温下的水中是稳定的。这些结果都与之前报道的结果[29]是一致的。

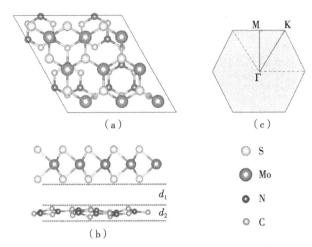

图 7.5　优化后的 g-C$_3$N$_4$/MoS$_2$ 异质结几何结构的俯视图(a)和侧视图(b);布里渊区(c)

表 7.1　g-C$_3$N$_4$/MoS$_2$ 范德华异质结中,层间垂直距离 d_1(Å)、g-C$_3$N$_4$ 单层的垂直高度 d_2(Å)、结合能 E_b(meV/atom)、转移电子 Q_T(e)、隧穿势垒宽度 w_B(Å)、隧穿势垒高度 Δ_V(eV)和隧穿几率 T_B(%)。数据源自文献[18]。

	d_1	d_2	E_b	Q_T	w_B	Δ_V	T_B(%)
C$_3$N$_4$/MoS$_2$	3.05	0.89	−31.96	0.19	1.75	3.41	3.67

　　基于杂化泛函的 g-C$_3$N$_4$/MoS$_2$ 异质结能带结构如图 7.6 所示。显然,该异质结的直接带隙为 1.70 eV。从图中可以了解,在 g-C$_3$N$_4$/MoS$_2$ 复合结构中存在典型的 Ⅱ 型能带对齐结构。两种单层膜的 CBM 和 VBM 都在 Γ 点处。实验算得 g-C$_3$N$_4$ 和 MoS$_2$ 单层的带隙分别为 2.71 eV 和 1.96 eV,这意味着它们都可能对可见光有响应。在 g-C$_3$N$_4$/MoS$_2$ 异质结中,g-C$_3$N$_4$ 单分子层由于界面效应,结构发生畸变,带隙(2.71 eV)略小于孤立的 g-C$_3$N$_4$ 单分子层(2.81 eV)。通过对 g-C$_3$N$_4$/MoS$_2$ 复合结构的 PDOS 分析,如图 7.6(右)所示,笔者发现各组分材料的 PDOS 与他们孤立时的情况基本一致。

g-C$_3$N$_4$/MoS$_2$ 异质结的光催化分解水活性

　　如前所述,在完全分解水光催化剂中,CBM 的电势应高于氢的还原水平(−4.44 eV,pH=0),而 VBM 的电势应低于氧的氧化水平(−5.67 eV,pH=0)。在图 7.7(c)(右)中,对于该复合结构中 MoS$_2$ 和 g-C$_3$N$_4$ 单分子层,CBM 和 VBM 仍然超过 H$_2$O/O$_2$ 的标准氧化电位和 H$^+$/H$_2$ 的标准还原电位,表明它们分别对 OER 和 HER 都有足够的活性。与图 7.7(c)(左)所示的

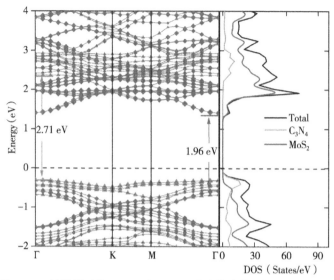

图 7.6 基于 HSE06 计算得到的 g-C₃N₄/MoS₂ 异质结的能带结构(左)和 PDOS(右);费米能级被设为零

孤立 MoS₂ 的带边位置相比,笔者可以发现,在 g-C₃N₄/MoS₂ 异质结中,MoS₂ 的 VBM 电位降低了 50 meV,这意味着复合结构的设计可以略微提高 MoS₂ 氧化能力。另外,在 g-C₃N₄/MoS₂ 异质结中,g-C₃N₄ 的 VBM 比 MoS₂ 的 CBM 低 1.82 eV,表明载流子有可能在 g-C₃N₄ 的价带(VB)和 MoS₂ 的导带(CB)之间迁移。

g-C₃N₄ 的电离能(5.09 eV)小于 MoS₂ 的电离能(6.05 eV),因此,当 g-C₃N₄ 与 MoS₂ 接触时,电子倾向于从 g-C₃N₄ 向 MoS₂ 转移。从图 7.7(a)所示的平均有效电势可以看出,在界面处 g-C₃N₄ 与 MoS₂ 的平均静电电势差约为 0.92 eV,这导致了 g-C₃N₄ 向上的能带弯曲,而 MoS₂ 发生向下的带弯曲(如图 7.7(c)(右)所示)。如图 7.7(b)所示,界面处大量电荷发生重新分布,电子在 MoS₂ 单分子层附近聚集,空穴在 g-C₃N₄ 单分子层附近聚集。Bader 电荷分析结果表明,0.14 *e* 的电子从 g-C₃N₄ 向 MoS₂ 转移。在 g-C₃N₄/MoS₂ 复合结构中,层间电荷转移过程会产生内部电场,电场方向从 g-C₃N₄ 单层指向 MoS₂ 单层。如图 7.7(c)(右)所示,在光照射下,MoS₂ 和 g-C₃N₄ 单层膜 VB 中的电子被激发到各自的 CB 上,在 VB 中留下空穴。MoS₂ VB 中光生空穴参与了 OER,而 g-C₃N₄ CB 中光激发电子参与了 HER。其余的光激发空穴和电子分别聚集在 g-C₃N₄ 的 VB 和 MoS₂ 的 CB 中。在异质界面区域,带弯曲的存在提供了驱动力,推动光激发电荷沿"Z"路径移动。g-C₃N₄ 单

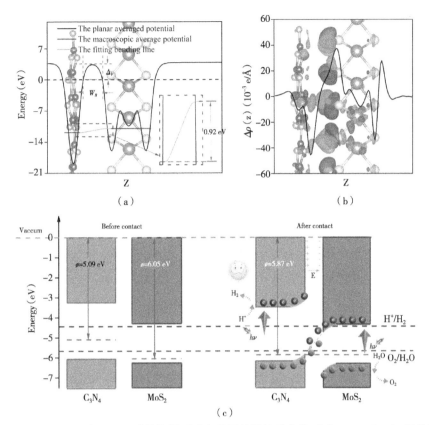

图 7.7　（a）g-C₃N₄/MoS₂ 异质结构界面垂直平面的平均静电势；（b）g-C₃N₄/MoS₂ 异质结沿垂直方向的差分电荷密度；插入物表示差分电荷密度的三维等值面；（c）基于 HSE06 计算得到的 MoS₂ 和 g-C₃N₄ 单层接触前后带边位置图

层具有向上的能带弯曲，MoS₂ 单层具有向下的能带弯曲。因此，g-C₃N₄ 向 MoS₂ 转移的电子和 MoS₂ 向 g-C₃N₄ 转移的空穴的电荷转移通道在界面处被破坏。MoS₂ 中光激发电子和 g-C₃N₄ 中光激发空穴会迁移到界面上，但不能转移到另一个材料的能带上，因此它们不得不在界面上重新组合。然后保存下来的 g-C₃N₄ 的光生电子以及 MoS₂ 的光生空穴进行水的氧化还原反应。电子沿着电位上升流动，而空穴则向相对的方向运动。内部电场可以显著加速光致电子-空穴的"Z"型迁移。同时，它还能有效地防止不利的光生载流子迁移，如从 MoS₂ 的 VB 到 g-C₃N₄ 的 VB 的空穴迁移。因此，g-C₃N₄/MoS₂ 复合结构是一种具有可见光活性"Z"型复合光催材料。直接"Z"型 g-C₃N₄-TiO₂ 光催化剂也遵循这一机制[43]。此外，实验中合成的 g-C₃N₄ 样品，通常包含少量原子层，且电子结构对该结构敏感。但是，笔者发现双层 g-C₃N₄/

MoS$_2$ 纳米复合材料的能带取向与单层 g-C$_3$N$_4$/MoS$_2$[29] 相似,所以笔者不再讨论层数的影响。

g-C$_3$N$_4$/MoS$_2$ 异质结的隧穿势垒

界面隧道势垒影响光激发载流子传输效率,且在范德华"Z"型异质结构光催化体系中起着重要作用。隧穿势垒通过势垒宽度(w_B)和势垒高度(Δ_V)来评估,它在电子穿过界面处的范德华异质结间隙时形成,并可由静电势测量[44,45]。如图 7.7(a)所示,在 g-C$_3$N$_4$/MoS$_2$ 界面处有一个明显的隧穿势垒,势垒高度为 3.41 eV。如表 7.1 所示,计算出 g-C$_3$N$_4$/MoS$_2$ 异质结构的隧穿几率(T_B)仅为 3.67%。低 T_B 会阻止光氧化催化剂(MoS$_2$)和光还原催化剂(g-C$_3$N$_4$)中的载流子接近界面,这必然会阻碍"Z"型异质结的分解水效率。为了克服这种消极影响,一种方法是在 g-C$_3$N$_4$/MoS$_2$ 异质结的禁带中(g-C$_3$N$_4$ 的 VBM 与 MoS$_2$ 的 CBM 之间)引入电子态[46],例如用合适的金属在界面处建立高速通道,如 CdSe/Ag/TiO$_2$ 纳米管[47] 和 g-C$_3$N$_4$/Ag/WS$_2$[48]。在高速通道的帮助下,界面处的载流子的复合可以变得更快。

7.3.3 由合适的金属构建的界面高速电荷传输通道

Fang 等报道 g-C$_3$N$_4$/Ag/MoS$_2$ 的可见光诱导光催化活性是 g-C$_3$N$_4$/MoS$_2$ 分解水制氢系统[28] 的 2.08 倍。Ag 纳米粒子在"Z"型 g-C$_3$N$_4$/Ag/MoS$_2$ 异质结中可以作为电荷传输中心。为了深入探讨该传输通道的形成机制,并找到更适合的替代金属,笔者分别分析了四种金属(Ag、Au、Al、Pt)与单层 g-C$_3$N$_4$ 和 MoS$_2$ 组成的异质结的界面性能。如图 7.8 所示,笔者选择了四层金属原子来模拟金属表面,分别用单层 g-C$_3$N$_4$ 和单层 MoS$_2$ 堆叠在金属表面,以此构建 M-C$_3$N$_4$ 和 M-MoS$_2$ 界面模型。如表 7.2 所示,这些模型的晶格适配度都在 5% 以内,是比较合理的模型。经过充分优化后,对于 M-MoS$_2$,层间间距为 $d_{Pt}<d_{Au}<d_{Ag}<d_{Al}$;对于 M-C$_3N_4$,$d_{Al}<d_{Ag}<d_{Au}<d_{Pt}$。通常,更小的层间平衡距离会导致更大的结合能[49],笔者的 M-MoS$_2$ 实验结果很好地符合这一规律。然而,M-C$_3$N$_4$ 的情况却违背了这一规律。层间距离最大的 Pt-C$_3$N$_4$ 具有最大的结合能。此外,在 Al-C$_3$N$_4$ 系统中,铝和单层 g-C$_3$N$_4$ 单分子层形成了化学键。如图 7.9 所示,Al(111)表面第一层的 Al 原子与附近的三个 N 原子之间存在化学键作用,导致 Al(111)表面出现明显的

皱折。此外,通过化学还原法[50,51],实验中已经成功制备了 Ag/g-C₃N₄ 纳米复合材料,因此笔者提出的这种 Al-C₃N₄ 异质结是非常有希望在实验中合成的。

表 7.2 $\sqrt{3}\times\sqrt{3}$ C₃N₄ 超胞、$\sqrt{3}\times\sqrt{3}$ MoS₂ 超胞、M-C₃N₄(3×3 金属超胞,M=Ag、Al、Au 和 Pt)vdW 异质结的晶格常数 a(Å)、M-MoS₂(2×2 金属超胞,M=Ag,Al,Au 和 Pt)vdW 异质结,以及 C₃N₄ 和 MoS₂ 单层的晶格失配度。数据源自文献[18]。

	Ag-C₃N₄	C₃N₄	mismatch	Ag-MoS₂	MoS₂	mismatch
a	8.667	8.287	4.59%	5.778	5.526	4.56%
	Al-C₃N₄	C₃N₄	mismatch	Al-MoS₂	MoS₂	mismatch
a	8.590	8.287	3.66%	5.727	5.526	3.64%
	Au-C₃N₄	C₃N₄	mismatch	Au-MoS₂	MoS₂	mismatch
a	8.651	8.287	4.39%	5.768	5.526	4.38%
	Pt-C₃N₄	C₃N₄	mismatch	Pt-MoS₂	MoS₂	mismatch
a	8.324	8.287	0.45%	5.549	5.526	0.42%

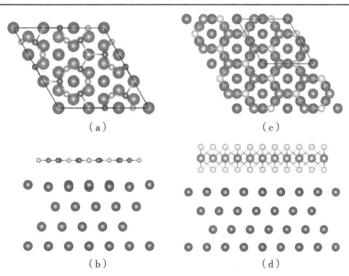

（a）　　　　　　　　（c）

（b）　　　　　　　　（d）

图 7.8　金属表面负载 g-C₃N₄ 单分子层(M-C₃N₄)的初始构型的俯视图(a)和侧视图(b);金属表面负载 MoS₂ 单分子层(M-MoS₂)的初始构型的俯视图(c)和侧视图(d)

为了研究 M-MoS₂ 和 M-C₃N₄ 界面的内建电场,笔者计算了这两种体系的差分电荷密度,并直观地观察到界面处电荷的重新分布,如图 7.10 所示。有趣的是,笔者观察到 M-MoS₂ 和 M-C₃N₄ 中电荷转移的方向是不同的。对于 M-C₃N₄(M=Ag、Au、Pt),电子在金属表面附近聚集,而空穴在 g-C₃N₄ 单

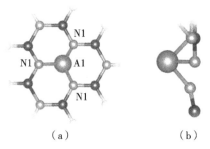

（a） （b）

图 7.9 Al-C₃N₄ 界面的部分放大图（俯视图（a）和侧视图（b））

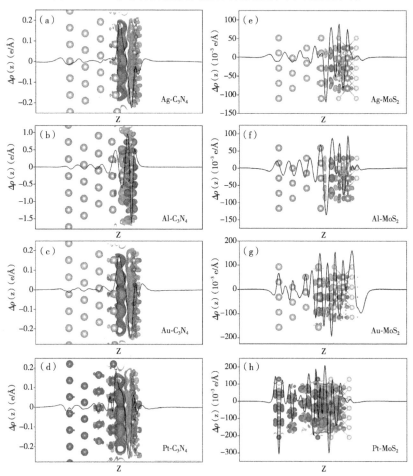

图 7.10 对 M-C₃N₄（（a）－（d））和 M-MoS₂（（e）－（h））异质结（M＝Ag、Al、Au 和 Pt）垂直方向的平面差分电荷密度进行了研究；插入部分代表差分电荷密度的三维空间上的等值面；等值面值对于 Al-C₃N₄ 体系为 0.004 e/Å³，对于其他体系为 0.0004 e/Å³

分子层附近聚集,在界面处诱导出一个从 g-C$_3$N$_4$ 指向金属方向的内建电场。从表 7.3 中可以看出,在 Ag-C$_3$N$_4$,Au-C$_3$N$_4$,Pt-C$_3$N$_4$ 体系中分别有 0.18 e,0.12 e 和 0.09 e 的电子发生了转移。至于 Al-C$_3$N$_4$ 的情况,电子聚集在 Al 原子和 N 原子的中间,表明它们之间有共价键。对于 Ag-MoS$_2$ 和 Al-MoS$_2$ 来说,电子聚集在 MoS$_2$ 单分子层附近,而空穴在靠近金属表面的地方聚集,这与 Al-MoS$_2$ 实验的结果[52]一致。Bader 电荷分析表明,0.15 e 和 0.36 e 分别从 Ag 和 Al 表面向 MoS$_2$ 表面转移。因此,内建电场的方位是从金属表面到 MoS$_2$ 单层。对于 Au-MoS$_2$ 和 Pt-MoS$_2$ 的情况,大部分电荷在界面中间积累。只有很少的电子从 Au(0.078 e)和 Pt($4.66 \times 10^{-3} e$)表面转移到 MoS$_2$ 表面,产生了与 Ag-MoS$_2$ 和 Al-MoS$_2$ 中相同方向,但是强度很弱的内建电场。在其他许多系统[17,53,54]中也发现了由界面电子转移引起的弱内建电场。此外,笔者所预测的光生载流子沿内建电场方向的传输,在许多异质结中都得到了实验验证,如 Au/g-C$_3$N$_4$,Ag/g-C$_3$N$_4$,等等[48,55]。

表 7.3　M-C$_3$N$_4$ 和 M-MoS$_2$(M＝Ag,Al,Au 和 Pt)vdW 异质结的计算结果:平衡界面距离 d(Å),结合能 E_b(meV/atom),转移电子 Q_T(e),隧穿势垒宽度 w_B(Å),隧穿势垒高度 Δ_V(eV)和隧穿几率(T_B)

	d	E_b	Q_T	w_B	Δ_V	T_B(%)
Ag-C$_3$N$_4$	2.67	−11.77	0.18	1.43	4.43	4.6
Al-C$_3$N$_4$	0.96	−44	—	—	—	100
Au-C$_3$N$_4$	2.89	−64.87	0.12	1.54	5.25	2.71
Pt-C$_3$N$_4$	2.90	−153.2	0.09	1.53	5.82	2.29
Ag-MoS$_2$	2.54	−71.86	0.15	1.31	3.15	9.27
Al-MoS$_2$	2.62	−49.73	0.36	1.25	2.74	12.04
Au-MoS$_2$	2.50	−143.29	0.078	0.83	2.10	29.22
Pt-MoS$_2$	2.27	−236.90	0.00466	0.60	2.14	40.66

通过以上分析,笔者可以推测出,在 g-C$_3$N$_4$/M/MoS$_2$(M＝Ag、Al、Au 和 Pt)异质结中,内建电场方向是从 g-C$_3$N$_4$ 通过 M 指向 MoS$_2$,这将显著促进光激发电子从 MoS$_2$ 的 CB 转移到 g-C$_3$N$_4$ 的 VB。而且,笔者发现大多数的 M-MoS$_2$ 和 M-C$_3$N$_4$ 异质结的内建电场强度大于 g-C$_3$N$_4$/MoS$_2$ 中的内建电场。特别是 Al-MoS$_2$ 的界面电场强度是 g-C$_3$N$_4$/MoS$_2$ 的界面电场强度的 5 倍以上。内建电场强度的增强将进一步促进 MoS$_2$ 的 CB 中光生电子与 g-C$_3$N$_4$ 中的 VB 光生空穴的复合。

为了对界面的接触类型进行分析,笔者进一步研究了 M-C_3N_4 和 M-MoS_2(M＝Ag、Al、Au 和 Pt)界面处的静电势,结果如图 7.11 所示。在笔者

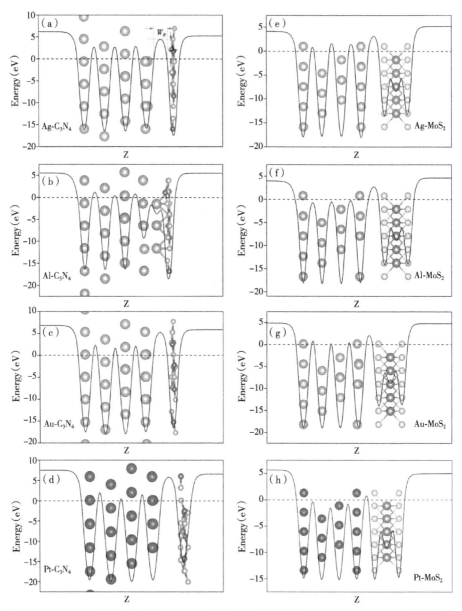

图 7.11　M-C_3N_4((a)—(d))和 M-MoS_2((e)—(h))异质结(M＝Ag、Al、Au 和 Pt)界面垂直平面上的平均静电势;虚线的矩形框表示隧穿势垒

的研究中,与 g-C₃N₄/MoS₂ 异质结相比,大多数 M-C₃N₄ 和 M-MoS₂ 具有更高的 T_B(如表 7.3 所示),这必然有利于加速光生载流子在 g-C₃N₄/M/MoS₂ 异质结界面处的迁移。令人惊讶的是,笔者发现在 Al-C₃N₄ 界面处为欧姆接触(隧穿概率可达 100%),这是由强界面杂化引起的。

从图 7.12 中,笔者可以清楚地看出,在 Pt-MoS₂ 异质结的能带结构中,复合体系的费米能级位置处在 MoS₂ 的禁带区域,导致其形成具有整流特性的金属-半导体肖特基接触,势垒高度(CBM 能级与费米能级能量差)为 0.48 eV。M-C₃N₄(M=Ag、Au、Pt)复合体系的费米能级通过 g-C₃N₄ 的禁带区域。对于 Ag、Au 和 Pt,计算得到的肖特基势垒高度(CBM 能级与费米能级能量差)分别为 0.11 eV、0.87 eV 和 1.23 eV。M-MoS₂(M=Ag、Al、Au)和 Al-C₃N₄ 界面发生了强能带杂化,分别导致了 MoS₂ 和 g-C₃N₄ 金属化。在这四种体系中,界面处的肖特基势垒不存在,金属化使电子在金属和半导体之间自由转移。根据上述计算结果,笔者幸运地发现,由于低肖特基势垒高度,铝和银适合用作构建 g-C₃N₄/MoS₂ 纵向异质结的界面高速电荷通道。此外,笔者观察到,由于层间耦合,双层 MoS₂-金属界面处的肖特基势垒高度通常比单层 MoS₂-金属界面[49] 的肖特基势垒高度小。因此,在 g-C₃N₄/M/MoS₂(M=Ag、Au、Pt)异质结中,笔者可以通过增加半导体层数来降低肖特基势垒高度,提高电子注入效率。当然,这还需要进一步的理论和实验研究。

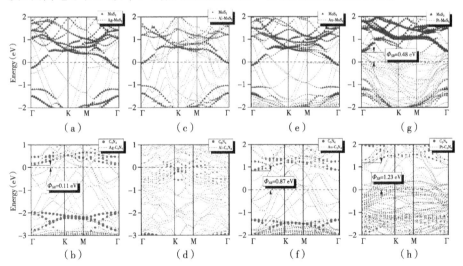

图 7.12　M-MoS₂((a)、(c)、(e) 和 (g)) 和 M-C₃N₄((b)、(d)、(f) 和 (h)) 异质结(M=Ag、Al、Au、Pt)的能带结构;黑色虚线表示的费米能级设为 0 eV;文本框中的数字代表肖特基势垒高度(Φ_{SB})

7.4 结论

综上所述,笔者通过 DFT 计算从理论上探讨了 g-C₃N₄/MoS₂ 异质结的电子和化学性质。基于界面带弯曲,本工作验证了 g-C₃N₄/MoS₂ 异质结是直接"Z"型体系而不是"O"型体系,MoS₂ 和 g-C₃N₄ 单分子层分别作为 OER 和 HER 的光催化剂,这充分解释了实验中观察到的催化析氢活性的增强。遗憾的是,载流子在 g-C₃N₄/MoS₂ 异质结界面处的复合效率较低,限制了"Z"型异质结光催化分解水的效率。为了利用合适的金属在该异质结界面处建立高速电荷通道,笔者对 M-C₃N₄ 以及 M-MoS₂ 异质结(M=Ag、Al、Au 和 Pt)界面处的电荷隧穿几率、内建电场、肖特基势垒等电子性质进行了深入的研究。结果表明,在"Z"型 g-C₃N₄/Ag/MoS₂ 体系中,Ag 作为电荷传递中心,能明显提高光氧化催化剂(MoS₂)和光还原催化剂(g-C₃N₄)中载流子在界面处的复合效率。值得注意的是,Al 具有更优异的性能和更低的价格,是该"Z"型异质结中银材料的良好取代品。这项工作对理解"Z"型半导体复合材料的电荷转移以及合理设计高活性析氢光催化剂具有重要意义。

参考文献

[1] FUJISHIMA A,Honda K. Electrochemical Photolysis of Water at a Semiconductor Electrode[J]. Nature,1972,238:37—38.

[2] KUDO A,OMORI K,KATO H. A Novel Aqueous Process for Preparation of Crystal Form-Controlled and Highly Crystalline BiVO₄ Powder from Layered Vanadates at Room Temperature and Its Photocatalytic and Photophysical Properties[J]. Journal of the American Chemical Society,1999,121:11459—11467.

[3] KATO H,KOBAYASHI H,KUDO A. Role of Ag⁺ in the Band Structures and Photocatalytic Properties of AgMO₃(M:Ta and Nb)with the Perovskite Structure[J]. Journal of Physical Chemistry B,2002,106:12441—12447.

[4] ISHIKAWA A, TAKATA T, KONDO J N, et al. Oxysulfide Sm$_2$Ti$_2$S$_2$O$_5$ as a Stable Photocatalyst for Water Oxidation and Reduction under Visible Light Irradiation($\lambda \leqslant 650$ nm)[J]. Journal of the American Chemical Society, 2002, 124:13547—13553.

[5] YAMASITA D, TAKATA T, HARA M, et al. Recent progress of visible-light-driven heterogeneous photocatalysts for overall water splitting[J]. Solid State Ionics, 2004, 172:591—595.

[6] BAI S, JIANG J, HANG Q, et al. Steering charge kinetics in photocatalysis: intersection of materials syntheses, characterization techniques and theoretical simulations[J]. Chemical Society Reviews, 2015, 44:2893—2939.

[7] HOU P, YU J G, JARONIEC M. All-Solid-State Z-Scheme Photocatalytic Systems[J]. Advanced Materials, 2014, 26:4920—4935.

[8] SHANG L, TONG B, YU H, et al. CdS Nanoparticle-Decorated Cd Nanosheets for Efficient Visible Light-Driven Photocatalytic Hydrogen Evolution[J]. Advanced Energy Materials, 2016, 6:1501241.

[9] MA X-C, DAI Y, YU L et al. Energy transfer in plasmonic photocatalytic composites[J]. Light: Science & Applications, 2016, 5:e16017.

[10] WANG G, HUANG B, LOU Z, et al. Valence state heterojunction Mn$_3$O$_4$/MnCO$_3$: Photo and thermal synergistic catalyst[J]. Applied Catalysis B: Environmental, 2016, 180:6—12.

[11] YANG H, LI J, YU L, et al. A theoretical study on the electronic properties of in-plane CdS/ZnSe heterostructures: type-II band alignment for water splitting[J]. Journal of Materials Chemistry A, 2018, 6:4161—4166.

[12] MAEDA K, HIGASHI M, LU D, et al. Efficient Nonsacrificial Water Splitting through Two-Step Photoexcitation by Visible Light using a Modified Oxynitride as a Hydrogen Evolution Photocatalyst[J]. Journal of the American Chemical Society, 2010, 132:5858—5868.

[13] MARTIN D J, REARDON P J T, MONI S J A, et al. Visible Light-Driven Pure Water Splitting by a Nature-Inspired Organic Semiconductor-Based System[J]. Journal of the American Chemical Society, 2014, 136:12568—12571.

[14] TADA H,MITSUI T,KIYONAGA T,et al. All-solid-state Z-scheme in CdS-Au-TiO$_2$ three-component nanojunction system[J]. Nature Materials,2006,5:782—786.

[15] IWASE A,NG Y. H. ,ISHIGURO Y,et al. Reduced Graphene Oxide as a Solid-State Electron Mediator in Z-Scheme Photocatalytic Water Splitting under Visible Light[J]. Journal of the American Chemical Society,2011,133:11054—11057.

[16] LOW J,JIANG C,CHENG B,et al. A Review of Direct Z-Scheme Photocatalysts[J]. Small Methods,2017,1:1700080.

[17] JU L,DAI Y,WEI W,et al. Band alignment control in a blue phosphorus/C$_2$N van der Waals heterojunction using an electric field[J]. Applied Surface Science,2018,434:365—374.

[18] JU L,LIU C,SHI L,et al. The high-speed channel made of metal for interfacial charge transfer in Z-scheme g-C$_3$N$_4$/MoS$_2$ water-splitting photocatalyst[J]. Materials Research Express,2019,6(11):115545.

[19] LI J,HANG M,LI Q et al. Indium-Doped TiO$_2$ Photocatalysts with High-Temperature Anatase Stability [J]. Applied Surface Science 2017,391:184—193.

[20] DI T,HU B,CHENG B,et al. A direct Z-scheme g-C$_3$N$_4$/SnS$_2$ photocatalyst with superior visible-light CO$_2$ reduction performance [J]. Journal of Catalysis,2017,352:532—541.

[21] MA X,LI X,LI M,et al. Enhanced photocatalytic hydrogen evolution over a heterojunction composed of silver cyanamide and graphitic carbon nitride[J]. Applied Surface Science,2017,414:124—130.

[22] Singh N,Jabbour G,Schwingenschlögl U. Single- and few-layer ZrS$_2$ as efficient photocatalysts for hydrogen production under visible light[J]. European Physical Journal B,2012,85:15503—15509.

[23] LI Y,LI Y-L,ARAUJO C M,et al. Single-layer MoS$_2$ as an efficient photocatalyst[J]. Catalysis Science & Technology,2013,3:2214.

[24] HU C,HANG L,JIANG B,et al. Emerging photothermal-derived multimodal synergistic therapy in combating bacterial infections[J]. Applied Surface Science,2016,377:99—108.

[25] TIAN Y,GE L,WANG K et al. Synthesis of novel MoS$_2$/g-C$_3$N$_4$ heterojunction photocatalysts with enhanced hydrogen evolution activity [J]. Materials Characterization,2014,87:70-73.

[26] LI Q,HANG N,YANG Y,et al. High Efficiency Photocatalysis for Pollutant Degradation with MoS$_2$/C$_3$N$_4$ Heterostructures[J]. Langmuir,2014,30:8965-8972.

[27] HAO H,DONG Y,JIANG P,et al. *In situ* light-assisted preparation of MoS$_2$ on graphitic C$_3$N$_4$ nanosheets for enhanced photocatalytic H$_2$ production from water[J]. Journal of Materials Chemistry, A 2015,3:7375-7381.

[28] LU D,WANG H,HAO X,et al. Photocatalytic Hydrogen Production: Role of Sacrificial Reagents on the Activity of Oxide,Carbon,and Sulfide Catalysts[J]. ACS Sustainable Chemistry & Engineering,2017,5:1436-1445.

[29] WANG J,GUAN,HUANG J,et al. Enhanced photocatalytic mechanism for the hybrid g-C$_3$N$_4$/MoS$_2$ nanocomposite[J]. Journal of Materials Chemistry A,2014,2:7960-7966.

[30] DONG G,HAO K,HANG L. Carbon self-doping induced high electronic conductivity and photoreactivity of g-C$_3$N$_4$[J]. Chemical Communications,2012,48:6178-6180.

[31] XU M,LIANG T,SHI M,et al. Graphene-Like Two-Dimensional Materials[J]. Chemical Reviews,2013,113:3766-3798.

[32] KRESSE G,FURTHMÜLLER J. CIF2Cell:Generating geometries for electronic structure programs[J]. Physical Review B 1996,54:11169-11186.

[33] KRESSE G,FURTHMÜLLER J. Efficiency of ab-initio total energy calculations for metals and semiconductors using a plane-wave basis set [J]. Computational Materials Science,1996,6:15-50.

[34] Blöchl P E. Projector augmented-wave method[J]. Physical Review B,1994,50:17953-17979.

[35] KRESSE G,JOUBERT D. Accurate surface and adsorption energies from many-body perturbation theory[J]. Physical Review B,1999,59:

1758－1775.

[36] PERDEW J. P. ,BURKE K,ERNERHOF M. Assessment of Density Functional Theory in Predicting Structures and Free Energies of Reaction of Atmospheric Prenucleation Clusters[J]. Physical Review Letters,1996,77:3865－3868.

[37] HEYD J,SCUSERIA G E,ERNERHOF M. Hybrid functionals based on a screened Coulomb potential[J]. Journal of Chemical Physics,2003,118:8207－8215.

[38] Grimme S. Semiempirical GGA-type density functional constructed with a long-range dispersion correction[J]. Journal of Computational Chemistry,2006,27:1787－1799.

[39] MA Y,DAI Y,GUO M,et al. Graphene adhesion on MoS$_2$ monolayer: An *ab initio* study[J]. Nanoscale,2011,3:3883－3887.

[40] GAO Q,HU S,DU Y,et al. The origin of the enhanced photocatalytic activity of carbon nitride nanotubes:a first-principles study[J]. Journal of Materials Chemistry A,2017,5:4827－4834.

[41] MOSTAANI E,DRUMMOND N D,FAL'KO V. I.. Quantum Monte Carlo Calculation of the Binding Energy of Bilayer Graphene[J]. Physical Review Letters,2015,115:115501.

[42] YANG P,LIU F. Understanding graphene production by ionic surfactant exfoliation:A molecular dynamics simulation study[J]. Journal of Applied Physics,2014,116:014304.

[43] LIU J,CHENG B,YU J. A new understanding of the photocatalytic mechanism of the direct Z-scheme g-C$_3$N$_4$/TiO$_2$ heterostructure[J]. Physical Chemistry Chemical,Physics. 2016,18:31175－31183.

[44] LIU J,GUO Y,WANG F. Q. et al. TiS$_3$ sheet based van der Waals heterostructures with a tunable Schottky barrier[J]. Nanoscale,2018,10:807－815.

[45] LONG C,DAI Y,GONG-R. et al. Robust type-II band alignment in Janus-MoSSe bilayer with extremely long carrier lifetime induced by the intrinsic electric field[J]. Physical Review B,2019,99:115316.

[46] Wang W,Chen S,Yang P.-X,et al. Si:WO$_3$ heterostructure for Z-

scheme water splitting: an *ab initio* study[J]. Journal of Materials Chemistry A,2013,1:1078－1085.

[47] LIU E,XUE P,JIA J,et al. CdSe modified TiO₂ nanotube arrays with Ag nanoparticles as electron transfer channel and plasmonic photosensitizer for enhanced photoelectrochemical water splitting[J]. Journal of Physics D:Applied Physics,2018,51:305106.

[48] MA Y,LI J,LIU E,et al. CdSe modified TiO₂ nanotube arrays with Ag nanoparticles as electron transfer channel and plasmonic photosensitizer for enhanced photoelectrochemical water splitting[J]. Applied Catalysis B:Environmental,2017,219:467－478.

[49] HONG H,QUHE R,WANG Y,et al. Gate-tunable interfacial properties of in-plane ML MX₂ 1T'-2H heterojunctions[J]. Scientific Reports-UK,2016,6:21786.

[50] MENG Y,SHEN J,CHEN D,et al. Photodegradation performance of methylene blue aqueous solution on Ag/g-C₃N₄ catalyst[J]. Rare Metals,2011,30:276－279.

[51] QIN J,HUO J,HANG P,et al. Improving the photocatalytic hydrogen production of Ag/g-C₃N₄ nanocomposites by dye-sensitization under visible light irradiation[J]. Nanoscale,2016,8:2249－2259.

[52] Farmanbar M,Brocks G. First-principles study of van der Waals interactions and lattice mismatch at MoS₂/metal interfaces[J]. Physical Review B,2016,93:085304.

[53] FU C.-F.,LUO Q,LI X,et al. Two-dimensional van der Waals nanocomposites as Z-scheme type photocatalysts for hydrogen production from overall water splitting[J]. Journal of Materials Chemistry A,2016,4:18892－18898.

[54] JU L,DAI Y,WEI W,et al. One-dimensional cadmium sulphide nanotubes for photocatalytic water splitting[J]. Physical Chemistry Chemical Physics,2018,20:1904－1913.

[55] XUE J,MA S,ZHOU Y,et al. Facile fabrication of an efficient BiVO₄ thin film electrode for water splitting under visible light irradiation[J]. ACS Applied Materials & Interfaces,2015,7:9630－9637.

第八章 Janus WSSe 单层:一种优良的全解水光催化剂

概述

光解水的关键是具有优异的光吸收性能和低反应势垒的稳定光催化剂。基于 DFT 的第一性原理计算模拟,笔者发现二维 Janus WSSe 单层具有良好的光催化性能,且利用应变变形能够很好地调节其光催化性能。具体来说,Janus 材料不仅在可见光范围中有较强的吸收率、合适的带边电位、较高的载流子分离度和传输效率,而且也有足够大的促使光激发载流子参与水氧化还原反应的驱动力,以及良好的抗光腐蚀能力。因此笔者预测 Janus WSSe 是一种很有前景的光解水催化剂。此外,笔者还发现,通过有效地提高能量转换效率和降低激子结合能,拉伸应变可以进一步提高 Janus 结构单层的光解水催化性能。笔者的研究结果不仅预测了一种可以利用可见光进行全解水的光催化剂,而且还为其扩大吸收光谱范围、提高光催化效率提供了有效途径。

8.1 研究背景

如今,日益严重的能源危机和全球性的环境污染是我们面临的两大挑战,当务之急是寻找废气排放量更少的可再生能源技术。氢气作为一种燃料,其能量密度很大(120 MJ/kg),丰度高,且清洁燃烧,因此氢气将在未来几十年内受到人们的极大关注。在氢生产技术中,由太阳辐射驱动的全解水是一种环境友好型和经济型的能把太阳能转化为化学氢能源的途径。过去几十年里,半导体氧化物(如 TiO_2)已被理论和实验证明为水分解的光催化剂[1-3]。可惜的是,半导体氧化物的光激发载流子的利用率低,复合率高,导致光催化效率不理想,这限制了它们更广泛的应用[4-6]。近年来,研究人员认为二维

（2 D)材料是一种很有前景的光解水催化剂,因为二维材料的载流子迁移距离短、光吸收性能优异,且活性位点丰富,例如有缺陷的 MoS_2[7]、$PdSeO_3$[8,9],以及共价有机框架材料(COFs)[10]。更有趣的是,研究发现材料中的极化现象可以抑制载流子复合,从而提高水分解效率,如 In_2Se_3[11]。

受 Janus MoSSe 单层成功合成的启发[12,13],二维 Janus 材料因其潜在的优异光催化性能越来越受到人们的关注[14,15]。除了普通二维材料表面积大、电子结构可调和载流子迁移距离短等优点,二维 Janus 材料由于结构不对称,还存在一个垂直方向的本征极化场。该极化场可以抑制载流子的复合。另外,杨金龙等预测在入射近红外光下,二维极性光催化剂可以将水分解为氢气和氧气[16]。由于存在极化,二维极性光催化剂的价带和导带分布在两个相对的表面上,其中电势差作为光激发载流子的附加助推器,能够降低水分裂的带隙需求。因此,光的利用效率大大提高。这些猜测已经在 Janus MoSSe 单层实验中得到了证实[17-23]。然而,到目前为止,与光催化性能密切相关的一些重要特性,如激子结合能、太阳能-氢能转换效率、电荷传输、表面化学反应以及光照下,该材料在水溶液的稳定性等,还没有得到进一步研究。另外,另一种 Janus 结构单层——WSSe 被预测也具有合适的带边位置和优异的光吸收性能[24,25],然而其具体的光催化分解水的性能尚不清楚。在此,笔者对 Janus 结构 WSSe 单层的光解水催化性能进行了系统研究,发现 Janus 结构 WSSe 单层表现出优异的光解水催化性能。此外,笔者还发现,外加拉伸应变可以提高其太阳能-氢能转换效率,降低激子结合能,从而有效提高其光解水催化性能。

8.2　计算方法

本工作中所有 DFT 的计算都使用 VASP 程序包[26,27]进行。本章采用 GGA 和 PAW 来描述核与价电子之间的相互作用[28-30]。为了解决 PBE 泛函的带隙低估问题,笔者选择 HSE06 杂化泛函来评估电子结构[31]。由于存在重原子(钨),笔者测试了基于 PBE 方法计算的自旋-轨道耦合(SOC)校正的影响。如图 8.1 所示,虽然 SOC 可以诱导能带分裂,但对 WSSe 单层的带隙影响不大。考虑到计算量大,而带隙变化相对较小,因此在 HSE06 混合泛函计算中没有使用 SOC 校正。对于计算模型,笔者增加了 20 Å 垂直于表面的真空层,以避免与它的镜像相互作用。笔者选用 grime 的 DFT-D3 方法来描述层间范德华（vdW）相互作用[32]。由于 Janus WSSe 具有非对称结构,因此计算中笔者考虑了偶极子校正。使用 $7\times7\times1$ gamma-pack k-mesh 进行二维布里渊采样。在 HSE 计算中,截断能量为 500 eV,力和能量的收敛标准设置为 20 meV/Å 和 10^{-5} eV。在 G_0W_0 计算中,选择 $15\times15\times1$ 的栅格进行布里渊采样,同时将截止能量和收敛能量分别设置为 100 eV 和 10^{-8} eV。采用在 Wannier 90 程序包中植入的 Wannier 函数拟合准粒子能带结构。在考虑溶剂效应的情况下估算水氧化还原反应的吉布斯自由能,这是在VASPsol 中实现的[33,34]。

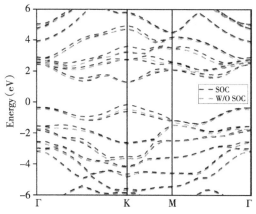

图 8.1　基于 PBE 泛函的 WSSe 单层条带结构,有和无自旋轨道耦合(SOC)效应;费米能级设为 0 eV

8.3　研究结果与讨论

8.3.1　WSSe 单层的几何结构和电子结构

如图 8.2 所示,Janus WSSe 单层由 S 层和 Se 层及夹在中间的 W 层构成,具有蜂窝状结构,类似于母体材料 WSe$_2$ 和 WS$_2$。如表 8.1 所示,Janus WSSe 的晶格常数为 3.26 Å,位于母体材料 WSe$_2$ 和 WS$_2$ 的值之间,这类似于 CrSSe 和 MoSSe 单层[20,36]。与母体材料相比,Janus WSSe 的 W—Se 键延长,而 W—S 键缩短。由于在之前的工作中,Janus WSSe 单层的热稳定性和动力学稳定性已经分别通过 MD 模拟和声子色散进行了论证[25],在这里,笔者对其结构稳定性将不再考虑。

图 8.2(c)中左图的能带结构显示出 Janus WSSe 单层是一个具有直接带隙的半导体，其 VBM 和 CBM 均位于 K 点。基于 HSE06 计算方法，WSSe 单层的带隙为 2.13 eV(见表 8.1)，这满足水分解的带隙要求(1.23 eV)。这些结果与先前报道的计算结果一致[25]。此外，在图 8.2(c)的右图能够得知，CBM 的主要贡献是 W 的 d 轨道和 Se 的 p 轨道杂化，而 VBM 的主要贡献是 W 的 d 轨道和 S 的 p 轨道杂化。

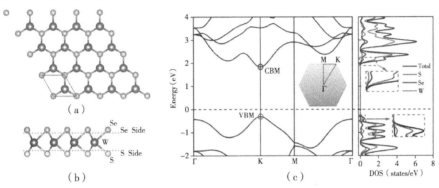

图 8.2　(a)和(b)分别为 **Janus WSSe 单层的俯视图和侧视图；WSSe 单元由菱形表示；(c)是能带结构(左)和相应的基于 HSE06 函数的投影态密度(右)；虚线所示的费米能级 E_f 设为 0 eV；插图表示布里渊区**

表 8.1　a：晶格常数；d：键长；E_g^{HSE}：HSE06 方法计算的能带间隙；E_g^{GW}：G_0W_0 方法计算的能带间隙；E_{opt}：基于 G_0W_0-BSE 方法计算的光学带隙；E_b：激子结合能；μ：偶极矩；$\Delta\Phi$：两侧的静电势差

material	a (Å)	d (Å)	E_g^{HSE} (eV)	E_g^{GW} (eV)	E_{opt} (eV)	E_b (eV)	μ (Debye)	$\Delta\Phi$ (eV)
WS$_2$	3.19[36], 3.16[37], 3.18[38]	2.45[37]	2.30[38], 2.28[39]	2.88[36]	1.84[36]	1.04[36]	0	0
WSe$_2$	3.32[36,40], 3.29[37]	2.53[37]	1.72[40], 1.92[41]	2.42[36]	1.52[36]	0.90[36]	0	0
WSSe	3.26[35]	2.42[35] (W—S), 2.54[35] (W—Se)	2.13[35]	2.68[35]	1.85[35]	0.83[35]	0.23[35]	0.73[35]

8.3.2　Janus WSSe 单层的光催化性能

光吸附与电子-空穴对分离

光催化分解水的第一步,是在光催化剂吸收光子产生电子-空穴对。对于二维材料,由于其屏蔽效应较弱,故在检测光吸收时必须考虑电子-空穴的库仑相互作用[11],因此要用 G_0W_0-BSE 方法研究光吸收 $\alpha(\omega)$。图 8.3(a)中展示了计算结果,计算结果由式

$$\alpha(\omega) = \sqrt{2}\,\omega(\sqrt{\varepsilon_1(\omega)^2 + \varepsilon_2(\omega)^2} - \varepsilon_1(\omega))^{1/2} \tag{8.1}$$

得到[11,43],其中 ε_1 和 ε_2 分别表示介电函数的实部和虚部。在可见的太阳光谱中(380~780 nm),大约 400 nm 和 650 nm 处能观察到 WSSe 单层有两个显著的吸收峰。400 nm 左右的吸收峰的强度与 In_2X_3(X=Te,Se,S)单层[11]和 Janus CrXY(X,Y=Te, Se, S; X≠Y)单层[36]相当。WSSe 单层非凡的光吸收能力表明它是一种对可见光响应的潜在光催化材料。此外,本节也研究了应变对于光吸收的影响。为了探索单轴应变对光吸收的影响,笔者构建了 WSSe 的矩形单胞模型。从图 8.3(a)可以看出,在压缩应变下带隙增大(见图 8.4(c)),可见光区第一个吸收峰发生蓝移,而在拉伸应变下带隙减小,可见光区第一个吸收峰发生红移,单轴拉伸应变(>1%)甚至能使 WSSe 单层的光学吸收范围扩大到近红外光谱。

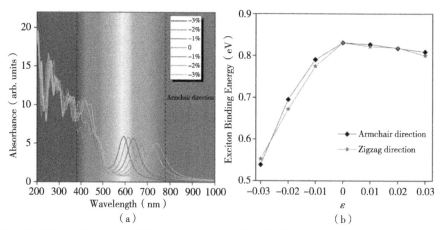

(a)　　　　　　　　　(b)

图 8.3　基于 G_0W_0-BSE 方法的初始态的 WSSe 单层和带应变的 WSSe 单层的光吸收系数(a)和激子结合能(b);用黑色虚线表示可见光谱(380~780 nm)

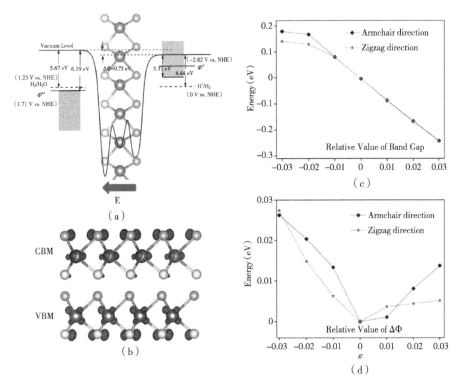

图 8.4 (a)由 HSE06 计算的 WSSe 单层的带边位置；条带代表导带和价带；在 pH＝0 时，H^+/H_2 的还原电位和 H_2O/O_2 的氧化电位由虚线表示；WSSe 单层的热力学氧化电势 (Φ^{ox}) 和还原电势 (Φ^{re}) 分别用实线表示；箭头显示的是内建极化电场的方向；(b)CBM 和 VBM 的空间分布；(c)和(d)分别是 WSSe 单层中，带隙和静电位差随应变的变化

随着光子被吸收，在 WSSe 单层中将产生电子-空穴对。只有有效地将光生空穴和光生电子分离，才能确保有足够多的自由光激发载流子用于接下来的水氧化还原反应。为了研究材料中载流子分离情况，本节研究了 WSSe 单层的激子结合能、载流子的空间分布和直接-间接带隙转变。

激子结合能被定义为

$$E_b = E_{QP} - E_{opt} \tag{8.2}$$

其中 E_{QP} 表示准粒子带隙的能量（等于 E_g^{GW}），E_{opt} 表示第一个光吸收峰的能量。激子结合能数值越小，载流子越容易分离。如图 8.4(a)所示，由于存在一个从 Se 层指向 S 层的内建电场，Janus WSSe 的激子结合能小于母体材料 WS_2 和 WSe_2（表 8.1）。经计算，Se 与 S 侧的静电位差（$\Delta\Phi$）为 0.73 eV，偶极矩为 0.23 Debye。此外，电子（空穴）被内建的极化场推向硒（硫）层，导致激子的结合能降低。同时,如图8.4(d)所示,拉伸应变和压缩应变均能增加静电位差 $\Delta\Phi$ 的值,因此,激子结合能在应变作用下减小(图8.3(b)),这可以推动光激发电子与空穴的分离,以提高光催化效率。

影响电子-空穴对分离的第二个重要因素是载流子的空间分布,这就要求来自 CBM 的光激发电子和来自 VBM 的光激发空穴分布在不同的位置。如前所述,CBM 主要来自 W 的电子轨道和 Se 的电子轨道杂化,而 VBM 来自 W 的电子轨道和 S 的电子轨道杂化。为了直观地揭示这种现象,笔者绘制了这两侧的部分电荷密度,如图8.4(b)所示。显然,CBM 主要分布在 Se 侧(W 和 Se 层),VBM 分布在 S 侧(W 和 S 层)。光激发载流子的空间分离进一步降低了复合速率。

众所周知,间接带隙可以有效抑制光激发载流子的复合[11]。通过图8.2(c)和图8.5对比,笔者发现外部应变可以导致从直接带隙到间接带隙的转变。例如,在应变为 $\varepsilon = -3\%$ 时,CBM 移动到 X 到 M 路径上,而 VBM 在 Y 到 Γ 路径上;在应变为 $\varepsilon = 3\%$ 时,VBM 移动到 Γ 点,而 CBM 在 Y 到 Γ 路径

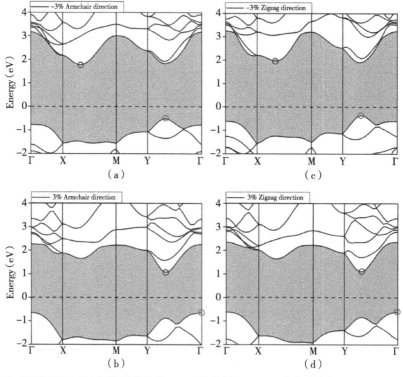

图8.5 基于 HSE06 函数计算得出的 WSSe 单层沿 Armchair(a)、(b)和 Zigzag (c)、(d)方向应变的能带结构;圆圈表示 CBM 和 VBM;费米能级(用虚线表示)设为 0 eV

上。因此，通过抑制光激发载流子的复合，外部应变可以提高自由光生载流子的数量。

自由光激发载流子的输运

电子-空穴对分离后，自由光激发载流子需要迁移到化学活性位点才能分解水。因此使光生载流子快速移动到活性位点是非常重要的。通常，电荷传输由载流子迁移率来评估，由形变势（DP）理论[44]通过公式8.3计算得到[45,46]

$$\mu_{2D} = \frac{2e\hbar^3 C}{3K_B T |m^*|^2 E_1^2} \tag{8.3}$$

其中 T 是室温（300K）；同时，$\hbar$、K_B、e 分别表示约化普朗克常数、玻尔兹曼常数和电子电荷。通过对能带边缘状态拟合抛物线函数，电子和空穴的有效质量（m_e^* 和 m_h^*）可以通过式8.4获得

$$m^* = \pm\hbar^2 \left(\frac{d^2 E_k}{dk^2}\right)^{-1} \tag{8.4}$$

其中 k 和 E_k 分别代表波矢量和相应的能量。E_1 表示变形势常数，可由式8.5估算。

$$E_1 = \frac{dE_{edge}}{d\epsilon} \tag{8.5}$$

其中 ϵ 和 E_{edge} 分别表示单轴应变和相应的带边缘能量。C 表示平面拉伸模量，可由式8.6计算。

$$C = \frac{\frac{\partial^2 E_{tot}}{\partial \epsilon^2}}{S_0} \tag{8.6}$$

E_{tot} 和 S_0 分别是对应于单轴应变 ϵ 的总能量和面积。

表8.2　**Janus WSSe 沿 Armchair 方向和 Zigzag 方向的弹性模量（C）、形变势常数（E_1）、有效质量（m^*）、载流子迁移率（μ）**

WSSe	C ($J \cdot m^{-2}$)	E_1 (eV)		m^* (mo)		μ ($cm^2 \cdot V^{-1} \cdot s^{-1}$)	
		h	e	h	e	h	e
Armchair	114.91	−3.2	−10.65	0.469	0.339	723.42	125.01
Zigzag	114.90	−4.1	−10.61	0.473	0.341	433.22	124.70

注：数据源自文献[35]。

弹性模量 C、变形势常数 E_1、有效质量 m^* 和载流子迁移率 μ 的值列在表8.2中。沿 Zigzag 方向，WS$_2$ 的电子迁移率（μ_e）和空穴迁移率（μ_h）分别为 157.5 $cm^2 \cdot V^{-1} \cdot s^{-1}$ 和 475 $cm^2 \cdot V^{-1} \cdot s^{-1}$，WSe$_2$ 的电子迁移率（μ_e）和空

穴迁移率(μ_h)分别为 130 cm^2 · V^{-1} · s^{-1} 和 380 cm^2 · V^{-1} · s^{-1}[47]。由于结构和化学相似性，WSSe 对应的电子迁移率 μ_e 和空穴迁移率 μ_h 分别为 124.7 cm^2 · V^{-1} · s^{-1} 和 433.22 cm^2 · V^{-1} · s^{-1}，基本位于母材之间。通常，电子和空穴迁移率的差值较大可以降低光激发载流子在迁移过程中发生的体表面复合，从而提高光催化效率。沿 Zigzag 方向，WSSe 单层中 μ_h 是 μ_e 的 3.47 倍，大于母体材料迁移率的差异（WS$_2$ 单层中 μ_h 是 μ_e 的 3.02 倍，WSe$_2$ 单层中 μ_h 是 μ_e 的 2.92 倍），因此，由于载流子迁移率相差更大，Janus WSSe 单层中光生载流子的分离进一步加强。另外，沿 Armchair 方向的 μ_h 为 723.42 cm^2 · V^{-1} · s^{-1}，是 μ_e 的 5.79 倍，这表明载流子的移动速度更快，分离更彻底。

8.3.3　水分解的表面氧化还原反应

光激发载流子到达表面活性位点后，将参与水分解的氧化还原反应。水分解效率由水分子的吸附以及光激发载流子的氧化还原电位和驱动力决定。

水分子的吸附

在酸性条件下，光催化水分解反应由以下两个半反应组成[8,48]：

$$2H^+ + 2e^- \longrightarrow H_2（还原反应） \tag{8.7}$$
$$2H_2O + 4h^+ \longrightarrow O_2 + 4H^+（氧化反应） \tag{8.8}$$

要实现水分解，表面吸收水分子是第一步。通常，H$_2$O 的吸附强度是表征光解水催化剂活性的一个重要指标。笔者在 WSSe 2×2 超晶格上建立了 H$_2$O 分子模型来研究水分子的吸附。为了获得能量最稳定的吸附构型，笔者研究了水分子在 Se 和 S 侧的大量吸附位点。如图 8.6 所示，当水分子分别吸附在 WSSe 单层的两个表面时，被吸附水分子中的 O 原子倾向于位于六边形晶格的中心附近。在 Se 侧，Se 层与 H 原子的垂直距离为 2.58 Å；而在 S 侧，S 层与 H 原子的垂直距离为 2.42 Å。

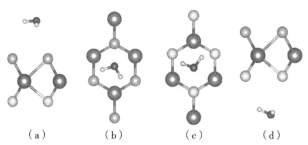

（a）　　　　　（b）　　　　　（c）　　　　　（d）

图 8.6　Se((a)、(b))和 S ((c)、(d))侧水分子最稳定吸附结构的俯视图和侧视图

另外,笔者通过吸附能(E_{ads})来研究 WSSe 单层和被吸附水分子之间的相互作用。E_{ads} 可以由式 8.9 来估算:

$$E_{ads} = E_{total} - E_{layer} - E_{H_2O} \qquad (8.9)$$

其中 E_{total}、E_{layer} 和 E_{H_2O} 分别表示水分子吸附的 WSSe 的总能量,纯 WSSe 单层的能量和孤立水分子的能量。所有的 E_{ads} 值都是负的,这表明 Se 和 S 层都具有亲水性,满足水分解的第一个要求。另外,两侧的吸附能依次为 $E_{ads(Se)}$(−0.169 eV)$>E_{ads(S)}$(−0.235 eV)。如图 8.7 所示,当水分子被吸附在 WSSe 的不同侧面时,电荷在 H 原子和离 H 原子最近的 S/Se 原子之间积累。笔者猜测,WSSe 单层与水分子之间的相互作用以氢键为主。两表面差异的吸附能源于 S(电负性为 5.85 eV)[49] 和 Se(电负性为 5.76 eV)[49] 元素的

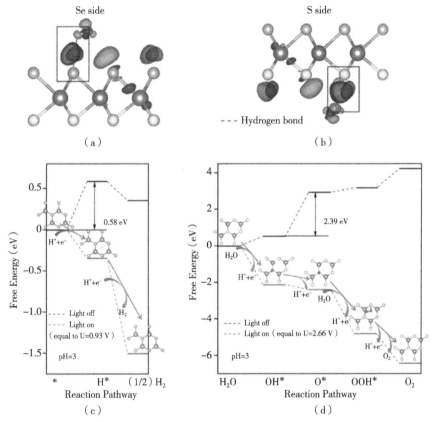

图 8.7　(a)和(b)分别表示吸附在 Se 侧和 S 侧的水分子的电荷密度变化;当 H$_2$O 分子吸附在 S/Se 侧时,H 和 S/Se 原子之间的氢键用虚线表示;(c)和(d)分别表示 pH=3 时不同光照条件下 WSSe 单层的 HER 和 OER 的自由能变化;插图展示了 HER 和 OER 的光催化途径;H*,OH*,O* 和 OOH* 是最有可能被 WSSe 单层吸收的中间体

电负性差异。在 WSSe 中,由于内建电场是从 Se 层指向 S 层,Se(S)层的电势和电负性将增大(减小),更多(更少)的电子聚集在 H 原子和 Se(S)原子之间,它们之间的氢键将随之增强(减弱)。为了证实这一假设,笔者在 Janus WSSe 上施加 Armchair 方向的拉伸应变,分别计算两个表面上的吸附能。在拉伸应变下,Se 侧的吸附能减小而 S 的吸附能增大。如前所述,在拉伸应变增加的情况下,内建电场增强,这是由于电子从 Se 层向 S 层转移引起的。如图 8.8 所示,与自由 WSSe 单层相比,3%拉伸应变下的 WSSe 单层中,Se 原子的电荷减少(每个 Se 原子减少 0.02 个电子),而 S 原子的电荷增加(每个 S 原子增加 0.04 个电子)。电子的减少进一步提高了 Se 层的电势,使 Se 原子吸引更多的电子停留在 H 原子和 Se 原子之间,使氢键增强,距离减小。同时,S 层增加的电子一部分来自 Se 层,另一部分来自 H 原子与 S 原子之间氢键的释放,使氢键减弱,距离增大。

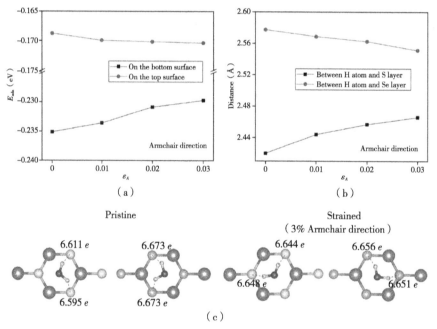

图 8.8　(a)WSSe 单分子层上 H_2O 分子的吸附能(E_{ads})和(b)沿 Armchair 方向的距离随拉伸应变的变化;(c)基于 Bader 分析,在自由的 WSSe 单层膜和带应变的(Armchair 方向 3%)WSSe 单层膜的 S/Se 侧分别吸附最接近 H_2O 分子 H 原子的 S/Se 原子的电荷量

光激发载流子的氧化还原电位

为了成为良好的全解水光催化剂,在 pH=0 时,VBM 的位置应低于 H_2O/O_2 的氧化电位(−5.67 eV),CBM 的位置应高于 H^+/H_2 的还原电位

（−4.44 eV）。对于 WSSe 单层，CBM 和 VBM 的位置跨越了水分解的标准氧化还原电位（图 8.4(a)），表明其具有足够的氧化还原能力来进行全解水。在之前研究的基础上[8,50]，笔者将 HER 的光激发电子提供的外部电势 U_e（OER 的光激发空穴提供的外部电势 U_h）定义为 CBM(VBM) 与 H^+/H_2 的还原电势之间的能量差。

H^+/H_2 的还原电位（E_{H^+/H_2}^{red}）与 pH 值的关系可表示为：

$$E_{H^+/H_2}^{red} = -4.44 + pH \times 0.059 (eV) \tag{8.10}$$

在 WSSe 单层的 Se 侧，U_e 为 1.11 eV。根据杨金龙等理论[51]，在 S 侧，考虑静电位差 $\Delta\Phi$ 后，H^+/H_2 的还原电位（E_{H^+/H_2-S}^{red}）变化为：

$$E_{H^+/H_2-top}^{red} = E_{H^+/H_2}^{red} + \Delta\Phi \tag{8.11}$$

所以 S 侧的 U_h 是 2.48 eV。根据式 8.10，笔者还计算了 pH＝1～7 时的 U_e 和 U_h。正的 U_e 和 U_h 表明 WSSe 单层在酸性和中性环境中都适合全解水。如图 8.9 所示，在 WSSe 单层中，S/Se 的摩尔比也可以通过调节带隙和

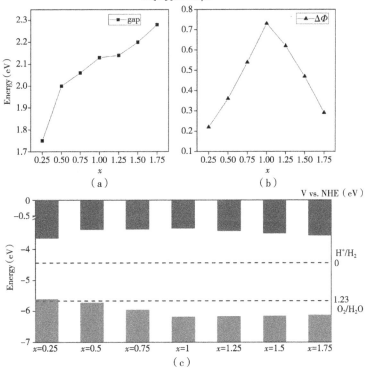

图 8.9　(a) $WS_x Se_{2-x}$ (x＝0.25、0.5、0.75、1、1.25、1.5、1.75) 单层的带隙、(b) 静电电位差和 (c) 带边位置

本征偶极子来调节氧化还原电位。当 S/Se 摩尔比为 1 时，WSSe 单层具有最高的氧化还原能力。

除此之外，笔者还研究在光照条件下，WSSe 单层在水中的稳定性，以检验其工作稳定性。根据之前的研究方法[48]，如图 8.4（a）所示，笔者计算出 WSSe 单层的热力学还原势（Φ^{re}）和氧化势（Φ^{ox}）。显然，H^+/H_2 的还原电位比 Φ^{re} 低；同时，O_2/H_2O 的氧化电位高于 Φ^{ox}。也就是说，光激发载流子会还原和氧化水分子，而不是光催化剂本身[48]，从而保证了 WSSe 单层在水中具有较强的抗光腐蚀能力。

基于前面带边电势的结果，笔者估算了 WSSe 单层的能量转换效率。笔者还计算了其母体材料 WS₂ 和 WSe₂ 的能量转换效率，以显示它们之间的差异。Janus WSSe 单层的光吸收能量转换效率（η_{abs}）处于 WS₂ 和 WSe₂ 的对应值之间。然而载流子利用率（η_{cu}）却不是这样。Janus WSSe 的本征偶极子有助于提高氧化还原电位，使其 HER 和 OER 的过电位 χ 相应升高，因此，Janus WSSe 单层的 η_{cu} 值明显高于母体材料。当 η_{abs} 和 η_{cu} 同时考虑时，WSSe 具有最高的太阳能-氢能转化效率（η_{STH}）。在考虑本征偶极子的情况下，修正后的 Janus WSSe 单层的太阳能-氢能转化效率（η'_{STH}）仍高达 11.68%，远高于母体材料的 η_{STH} 值（WS₂ 为 8.32%，WSe₂ 为 6.20%），而且高出了光解水制氢的商业应用要求（10%）[50]。

表 8.3　Janus WSSe 单层沿 Armchair 方向在不同应变下的光吸收能量转换效率（η_{abs}），载流子利用率（η_{cu}），不加修正的 STH 效率（η_{STH}），修正后的 STH 效率（η'_{STH}）

应力	η_{abs}（%）	η_{cu}（%）	η_{STH}（%）	η'_{STH}（%）
3%	40.86	40.21	16.43	14.62
2%	37.16	40.30	14.98	13.50
1%	33.81	40.72	13.76	12.56
0	30.72	41.26	12.67	11.68
−1%	27.58	39.02	10.76	10.00
−2%	24.37	37.68	9.18	8.61
−3%	24.81	35.74	8.87	8.30

此外，如表 8.3 所示，对于 WSSe 单层，笔者发现外加拉伸应变可以调节其 η'_{STH} 的值。无论是沿 Armchair 方向还是 Zigzag 方向，拉伸应变都能显著提高 η_{abs}，从而改善 η'_{STH}。相比之下，在压缩应变下 η_{abs} 和 η_{cu} 都下降，导致

η'_{STH}下降。应变引起的η_{abs}的变化可以用应变作用下带隙的变化来解释。拉伸应变($\varepsilon > 0$)可以减小带隙(见图 8.4(c)),而压缩应变($\varepsilon < 0$)增大带隙。为了进行比较,如图 8.10 和表 8.4 所示,笔者还考察了拉伸应变对 WS$_2$ 和 WSe$_2$ 能量转换效率的影响,发现其效果与 WSSe 单层类似。

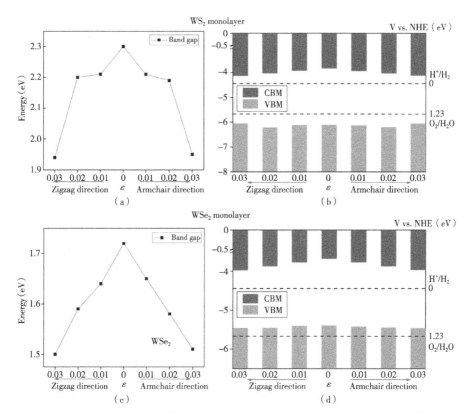

图 8.10　WS$_2$ 和 WSe$_2$ 单分子膜在不同拉伸应变下沿 **Zigzag** 和 **Armchair** 方向的带隙(a)、(c)和带边位置(b)、(d)

光激发载流子的驱动力

除了氧化还原电位,光激发载流子还需要足够的驱动力来触发水的氧化还原反应(公式 8.10 和公式 8.11)。因此,接下来将探讨 WSSe 单层上 HER 和 OER 的机制和过程。

表 8.4　WS$_2$ 和 WSe$_2$ 单层沿 Armchair 方向和 Zigzag 方向在不同应变下的光吸收能量转换效率(η_{abs}),载流子利用率(η_{cu}),不加修正的 STH 效率(η_{STH}),修正后的 STH 效率(η'_{STH})

材料	方向	应力	η_{abs}(%)	η_{cu}(%)	η_{STH}(%)
WS$_2$	Armchair	1%	27.58	36.63	10.10
		2%	28.33	41.75	11.83
		3%	38.43	35.82	13.77
	Zigzag	1%	27.58	36.08	9.95
		2%	28.03	42.20	11.83
		3%	38.85	36.09	14.02
WSe$_2$	Armchair	1%	53.33	14.16	7.55
		2%	56.65	16.07	9.10
		3%	60.55	17.63	10.68
	Zigzag	1%	53.83	14.02	7.55
		2%	56.06	16.24	9.10
		3%	61.08	17.75	10.84

　　如图 8.8(d)显示了水氧化半反应的四电子反应。对于每个电子反应,OH*,O*,OOH* 依次是中间体,O$_2$ 分子是最终产物。具体来说,在 S 侧,第一步,被吸附的水分子会释放出一个质子和一个电子,转化成 *OH;第二步,*OH 会释放另一个质子和另一个电子转化成 O*;第三步,O* 与其他水分子结合释放一个质子和一个电子,变成 OOH*;最后,OOH* 释放出一个电子和质子后,产生一个自由的 O$_2$ 分子。图 8.8 和图 8.11 显示了 WSSe 单层的 OER 在不同 pH 值下对应的自由能分布图,其中,笔者利用没有任何外电位的情况($U=0$V)来模拟黑暗环境下的情况。笔者发现黑暗环境下,第二步的自由能变化(ΔG_{O^*})始终为正,这意味着在 S 侧,水的氧化半反应不能在黑暗环境中自发进行。反应过程中 ΔG_{O^*} 最高,可以认为是 OER 的势垒,且 ΔG_{O^*} 随着 pH 值的增大而减小,类似于水氧化平衡电位的情况[52]。而当 WSSe 单层处于光照环境中时,光生空穴会提供一个外部电位(U_h),这个电位随着 pH 值的增大而升高,这与黑暗环境下 ΔG_{O^*} 的情况完全不同。值得注意的是,光照条件下 pH=1~7 时,水氧化半反应的所有步骤都是下坡的,也就是说,在光照条件下,WSSe 单层在中性甚至酸性(1≤pH≤7)环境中将 H$_2$O 分子自发氧化成 O$_2$。这优于大多数现有的光电催化剂,因为现有光电催化剂总是需要很高的过电压且稳定性较差[53]。

　　如图 8.8(c)所示,氢气还原只有两个步骤。首先,在 Se 侧,结合电子和质子,变成 H^*;接下来,H^* 与一个电子和一个质子结合后,产生 H_2 分子。图 8.8(c)和图 8.11 显示了 WSSe 单层的 HER 在不同 pH 值时对应的自由能分布图。笔者发现在黑暗环境下,第一步的自由能变化(ΔG_{H^*})始终为正,这意味着在 Se 端,氢还原半反应也不能在没有光照的情况下自发进行。ΔG_{H^*} 比 ΔG_{H_2} 高,所以 ΔG_{H^*} 是 HER 势垒,且 ΔG_{H^*} 随着 pH 值的增加而增加。而当光生电子所提供的外部电位 U_e 在 pH=0~5 时,这两个步骤都是下坡的,这说明光照条件下,在酸性介质(0≤pH≤5)中,Se 侧可自发发生氢还原反应。根据上面的讨论可以发现,在适宜的酸性条件下(1≤pH≤5),WSSe 单层可以作为析氢和析氧双功能光催化剂。由于降低 HER 和 OER 势垒的 pH 要求之间存在竞争关系,笔者认为中等酸性条件(pH=3)是 WSSe 单层光解水催化反应的最佳工作条件(如图 8.8(c)和(d)所示)。

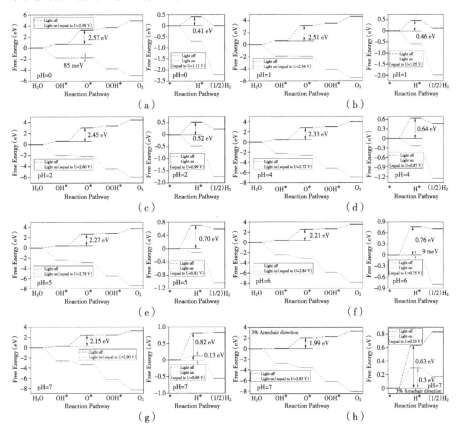

图 8.11　不同光照条件、不同 pH 值下,自由的和带应变(Armchair 方向 3%)WSSe 单层膜上 OER 和 HER 的自由能变化图

最后,笔者简要探讨了应变对光生载流子的水分解反应驱动力的影响。类似于研究吸水的方法,笔者在 Janus WSSe 上沿 Armchair 方向施加 3% 的拉伸应变(见图 8.11(h),即 pH＝7 时的自由能曲线)。与图 8.11(g)中不加应变的 WSSe 单层的相应结果相比,笔者发现在 3% 的拉伸应变下,没有光照的 HER 和 OER 势垒都略微降低,这与先前的缺陷 WSSe 和 MoSTe 单层的结果一致[54]。然而,拉伸应变也导致了 HER 过电位 $\chi(H_2)$ 和 OER 过电位 $\chi(O_2)$ 的降低,这将分别降低由光生电子和光生空穴所提供的外部电位 U_e 和 U_h。因此,施加的应变不能有效地降低光照条件下 HER 和 OER 的势垒。

8.4 结论

综上所述,通过第一性原理计算,笔者系统地探索了 Janus WSSe 单层的光解水催化性质。由于 Janus WSSe 对可见光的吸收范围宽、吸附 H_2O 分子的能力强、带边位置适当、载流子分离和传输效率高、光激发载流子对水氧化还原反应的驱动力强、以及抗光致腐蚀能力良好,因此,该材料是一种光解水良好的催化剂。同时,施加压缩应变和拉伸应变可以诱导 Janus WSSe 单层的直接-间接带隙转变,这有助于抑制光生载流子的复合。此外,笔者还发现外加拉伸应变能有效提高太阳能-氢能转换效率。单轴拉伸应变甚至可以通过缩小带隙使光学吸收扩展到近红外光谱,还能够降低激子结合能。另外,压缩应变也能削弱激子结合能,但它们会导致太阳能转化为氢能的效率下降。笔者的研究结果不仅预测了一种对可见光有响应的全解水催化剂,而且提出了一种提高其光催化效率和拓宽吸收光谱范围的方法。

参考文献

[1] LIU E,CHEN J,MA Y,et al. Fabrication of 2D SnS_2/g-C_3N_4 Heterojunction with Enhanced H_2 Evolution during Photocatalytic Water Splitting[J]. Journal of Colloid and Interface Science,2018,524:313－324.

[2] LIU E,JIN C,XU C,et al. Facile Strategy to Fabricate Ni_2P/g-C_3N_4

Heterojunction with Excellent Photocatalytic Hydrogen Evolution Activity[J]. International Journal of Hydrogen Energy, 2018, 43(46): 21355－21364.

[3] FUJISHIMA A, HONDA K. Electrochemical Photolysis of Water at a Semiconductor Electrode[J]. Nature, 1972, 238(5358): 37-38.

[4] SCHNEIDER J, MATSUOKA M, TAKEUCHI M, et al. Understanding TiO_2 Photocatalysis: Mechanisms and Materials[J]. Chemical Reviews, 2014, 114(19): 9919－9986.

[5] PARK T.-Y. , CHOI Y.-S, KIM S.-M, et al. Electroluminescence Emission from Light-emitting Diode of p-ZnO/(InGaN/GaN)Multiquantum well/n-GaN[J]. Applied Physics Letters, 2011, 98(25): 251111.

[6] CARDONA M. Optical Properties and Band Structure of $SrTiO_3$ and $BaTiO_3$[J]. Physical Review, 1965, 140(2A): A651－A655.

[7] TAGHINEJAD H, REHN D. A. , MUCCIANTI C, et al. Defect-Mediated Alloying of Monolayer Transition-Metal Dichalcogenides[J]. ACS Nano, 2018, 12(12): 12795－12804.

[8] QIAO M, LIU J, WANG Y, et al. $PdSeO_3$ Monolayer: Promising Inorganic 2D Photocatalyst for Direct Overall Water Splitting Without Using Sacrificial Reagents and Cocatalysts[J]. Journal of the American Chemical Society, 2018, 140(38): 12256－12262.

[9] ZHANG X, LIU J, ZHANG E, et al. Atomically Thin $PdSeO_3$ Nanosheets: a Promising 2D Photocatalyst Produced by Quaternary Ammonium Intercalation and Exfoliation[J]. Chemical Communications(Camb), 2020, 56(41): 5504－5507.

[10] WAN Y, WANG L, XU H, et al. A Simple Molecular Design Strategy for Two-Dimensional Covalent Organic Framework Capable of Visible-Light-Driven Water Splitting[J]. Journal of the American Chemical Society, 2020, 142(9): 4508－4516.

[11] ZHAO P, MA Y, LV X, et al. Two-dimensional III_2-VI_3 materials: Promising Photocatalysts for Overall Water Splitting under Infrared Light Spectrum[J]. Nano Energy, 2018, 51: 533－538.

[12] LU A. Y. , ZHU H, XIAO J, et al. Janus Monolayers of Transition Metal Dichalcogenides[J]. Nat. Nanotechnol, 2017, 12(8): 744－749.

[13] ZHANG J,JIA S,KHOLMANOV I,et al. Janus Monolayer Transition-Metal Dichalcogenides[J]. ACS Nano,2017,11(8):8192—8198.

[14] JU L,BIE M,SHANG J,et al. Janus Transition Metal Dichalcogenides:a Superior Platform for Photocatalytic Water Splitting[J]. Journal of Physics Materials,2020,3(2):022004.

[15] ABBAS H. G., HAHN J. R., KANG H. S.. Non-Janus WSSe/MoSSe Heterobilayer and Its Photocatalytic Band Offset[J]. Journal of Physical Chemistry C,2019,124(6):3812—3819.

[16] LI X,LI Z,YANG J. Proposed Photosynthesis Method for Producing Hydrogen from Dissociated Water Molecules using Incident Near-infrared Light[J]. Physics Review Letters,2014,112(1):018301.

[17] ZHANG S,JIN H,LONG C,et al. MoSSe Nanotube:a Promising Photocatalyst with an Extremely Long Carrier Lifetime[J]. Journal of Materials Chemistry A,2019,7(13):7885—7890.

[18] WEI S,LI J,LIAO X,et al. Investigation of Stacking Effects of Bilayer MoSSe on Photocatalytic Water Splitting[J]. The Journal of Chemical Physics C,2019,123(36):22570—22577.

[19] MA X,YONG X,JIAN C-C,et al. Transition Metal-Functionalized Janus MoSSe Monolayer:A Magnetic and Efficient Single-Atom Photocatalyst for Water-Splitting Applications[J]. The Journal of Chemical Physics C,2019,123(30):18347—18354.

[20] MA X,WU X,WANG H,et al. Janus MoSSe Monolayer:a Potential Wide Solar-spectrum Water-splitting Photocatalyst with a Low Carrier Recombination Rate[J]. Journal of Materials Chemistry A,2018,6(5):2295—2301.

[21] TAO S,XU B,SHI J,et al. Tunable Dipole Moment in Janus Single-Layer MoSSe via Transition-Metal Atom Adsorption[J]. The Journal of Chemical Physics C,2019,123(14):9059—9065.

[22] WEN Z.-K., TANG B., CHEN M,et al. Janus MoSSe Nanotubes:Tunable Band Gap and Excellent Optical Properties for Surface Photocatalysis[J]. Advanced Theory and Simulations,2018,1(10):1800082.

[23] GUAN Z,NI S,HU S. Tunable Electronic and Optical Properties of Monolayer and Multilayer Janus MoSSe as a Photocatalyst for Solar

Water Splitting: A First-Principles Study[J]. Journal of Physical Chemistry C,2018,122(11):6209－6216.

[24] WANG J,SHU H,ZHAO T,et al. Intriguing Electronic and Optical Properties of Two-dimensional Janus Transition Metal Dichalcogenides[J]. Physical Chemistry Chemical Physics,2018,20(27):18571－18578.

[25] XIA C,XIONG W,DU J,et al. Universality of Electronic Characteristics and Photocatalyst Applications in the Two-dimensional Janus Transition Metal Dichalcogenides[J]. Physical Review B, 2018, 98 (16):165424.

[26] KRESSE G,FURTHMÜLLER J. Efficient Iterative Schemes for Ab Initio Total-energy Calculations Using a Plane-wave Basis Set[J]. Physical Review B,1996,54(16):11169－11186.

[27] KRESSE G,FURTHMÜLLER J. Efficiency of Ab-initio Total Energy Calculations for Metals and Semiconductors Using a Plane-wave Basis Set[J]. Computational Materials Science,1996,6(1):15－50.

[28] BLÖCHL P. E,Projector Augmented-wave Method[J]. Physical Review B,1994,50(24):17953－17979.

[29] KRESSE G,JOUBERT D. From Ultrasoft Pseudopotentials to the Projector Augmented-wave Method[J]. Physical Review B, 1999, 59 (3):1758－1775.

[30] PERDEW J P,BURKE K,ERNZERHOF M. Generalized Gradient Approximation Made Simple[J]. Physics Review Letters,1996,77(18): 3865－3868.

[31] HEYD J,SCUSERIA G. E. ,ERNZERHOF M. Hybrid Functionals based on a Screened Coulomb Potential[J]. The Journal of Chemical Physics,2003,118(18):8207－8215.

[32] GRIMME S. Semiempirical GGA-type Density Functional Constructed with a Long-range Dispersion Correction[J]. Journal of Computational Chemistry,2006,27(15):1787－1799.

[33] JU L,SHANG J,TANG X,et al. Tunable Photocatalytic Water Splitting by the Ferroelectric Switch in a 2D AgBiP$_2$Se$_6$ Monolayer[J]. Journal of the American Chemical Society,2020,142(3):1492－1500.

[34] MAO X,KOUR G,ZHANG L,et al. Silicon-doped Graphene Edges:an

Efficient Metal-free Catalyst for the Reduction of CO_2 into Methanol and Ethanol[J]. Catalysis Science & Technology, 2019, 9(23):6800—6807.

[35] JU L, BIE M, TANG X, et al. Janus WSSe Monolayer: An Excellent Photocatalyst for Overall Water Splitting[J]. ACS Applied Materials & Interfaces, 2020, 12(26):29335.

[36] ZHAO P, LIANG Y, MA Y, et al. Janus Chromium Dichalcogenide Monolayers with Low Carrier Recombination for Photocatalytic Overall Water-Splitting under Infrared Light[J]. Journal of Chemical Physics C, 2019, 123(7):4186—4192.

[37] RAMASUBRAMANIAM A. Large Excitonic Effects in Monolayers of Molybdenum and Tungsten Dichalcogenides[J]. Physical Review B, 2012, 86(11):115409.

[38] DENG S, LI L, LI M. Stability of Direct Band gap under Mechanical Strains for Monolayer MoS_2, $MoSe_2$, WS_2 and WSe_2[J]. Physics E 2018, 101:44—49.

[39] YAGMURCUKARDES M, TORUN E, SENGER R. T., et al. $Mg(OH)_2$-WS_2 van der Waals Heterobilayer: Electric Field Tunable Band-gap Crossover[J]. Physical Review B, 2016, 94(19):195403.

[40] KUMAR R, DAS D, SINGH A. K.. C_2N/WS_2 van der Waals Type-II Heterostructure as a Promising Water Splitting Photocatalyst [J]. Journal of Catalysis, 2018, 359:143—150.

[41] KUMAR S, SCHWINGENSCHLÖGL U. Thermoelectric Response of Bulk and Monolayer $MoSe_2$ and WSe_2[J]. Chemistry Materials, 2015, 27(4):1278—1284.

[42] FAN Y, WANG J, ZHAO M. Spontaneous Full Photocatalytic Water Splitting on 2D $MoSe_2$/$SnSe_2$ and WSe_2/$SnSe_2$ vdW Heterostructures [J]. Nanoscale, 2019, 11(31):14836—14843.

[43] NEUGEBAUER J, SCHEFFLER M. Adsorbate-substrate and Adsorbate-adsorbate Interactions of Na and K Adlayers on Al(111)[J]. Physical Review B, 1992, 46(24):16067—16080.

[44] BARDEEN J, SHOCKLEY W. Deformation Potentials and Mobilities in Non-Polar Crystals[J]. Physical Review, 1950, 80(1):72—80.

[45] XI J, LONG M, TANG L, et al. First-principles Prediction of Charge Mobility in Carbon and Organic Nanomaterials[J]. Nanoscale, 2012, 4 (15):4348－4369.

[46] LI X, DAI Y, LI M, et al. Stable Si-based Pentagonal Monolayers: High Carrier Mobilities and Applications in Photocatalytic Water Splitting [J]. Journal of Materials Chemistry A, 2015, 3(47):24055－24063.

[47] RAWAT A, JENA N, DIMPLE DE SARKAR A. A Comprehensive Study on Carrier Mobility and Artificial Photosynthetic Properties in group Ⅵ B Transition Metal Dichalcogenide Monolayers[J]. Journal of Materials Chemistry A, 2018, 6(18):8693－8704.

[48] CHEN S, WANG L.-W.. Thermodynamic Oxidation and Reduction Potentials of Photocatalytic Semiconductors in Aqueous Solution[J]. Chemistry Materials, 2012, 24(18):3659-3666.

[49] GHOSH D. C., CHAKRABORTY T. Gordy's Electrostatic Scale of Electronegativity Revisited[J]. Journal of Molecular Structure-Theochem, 2009, 906(1－3):87－93.

[50] YANG H, MA Y, ZHANG S, et al. GeSe@SnS: Stacked Janus Structures for overall Water Splitting[J]. Journal of Materials Chemistry A, 2019, 7(19):12060－12067.

[51] FU C-F, LUO Q, LI X, et al. Two-dimensional van der Waals Nanocomposites as Z-scheme type Photocatalysts for Hydrogen Production from Overall Water Splitting[J]. Journal of Materials Chemistry A, 2016, 4(48):18892－18898.

[52] VALDÉS A, QU Z. W., KROES G. J., et al. Oxidation and Photo-Oxidation of Water on TiO_2 Surface[J]. Journal of Physical Chemistry C, 2008, 112(26):9872－9879.

[53] JAMESH M. -I., SUN X. Recent Progress on Earth Abundant Electrocatalysts for Oxygen Evolution Reaction(OER)in Alkaline Medium to Achieve Efficient Water Splitting-A review [J]. Journal of Power Sources, 2018, 400:31－68.

[54] ER D, YE H, FREY N C, et al. Prediction of Enhanced Catalytic Activity for Hydrogen Evolution Reaction in Janus Transition Metal Dichalcogenides[J]. Nano Letters, 2018, 18(6):3943－3949.

第九章　单组分 Janus 过渡金属二硫族化物基光催化分解水催化剂

概述

Janus 二维(two dimensional，2D)材料，指的是具有不同表面的层状材料。由于空间对称性破坏所引起的独特性能，以及在能源转换中的重要应用前景，该类材料已经引起了研究人员浓厚的研究兴趣。基于 Janus 过渡金属二氯化物(Transition metal dichalcogenides，TMDC)的成功实验合成，笔者从最新的理论和实验进展的方面，对其在光催化全解水中的潜在应用进行回顾。笔者讨论了与光催化反应有关的四个方面，包括水分子的吸附、阳光的利用、电荷分离和传输以及表面化学反应，并得出结论，Janus 结构比对称的 TMDCs 有更好的性能。在本章节的最后，笔者提出了 Janus 二维材料作为光解水催化剂的进一步挑战和未来可能的研究方向。

9.1　绪论

由于能源危机和环境污染的持续影响，光催化作为一种利用太阳能同时解决这两个问题的有前途技术，近年来吸引大量研究者的兴趣。利用光催化剂产生的电子和空穴，H_2O 可以被分解成有附加值的化学燃料、氢气和氧气，这是一条将太阳能转化为化学能而不造成环境污染的"绿色"路线[1-3]。最近出现的二维(2D)层状材料由于具有大的表面体积比、众多的催化反应位点和良好的光学吸附能力，在光催化应用方面表现出巨大潜力。可调控的电子结构在很大程度上取决于层厚和外部刺激，这有利于光学吸附和相对于水的氧化还原电位的最佳带状排列。更重要的是，超薄的厚度和短的载流子迁移距离可以在一定程度上防止光生载流子的重新结合。因此，二维材料通常比它们的块状材料拥有更好的光催化性能。然而,到目前为止,由于一些实际原因,二维材料所达到的光催化效率并没有预期的那么高。通常情况下,理想的光催化剂在大气环境下必须是稳定的,并且是具有中等带隙的半导电材料,以利于光学光谱吸附。第一个要求限制了潜在的候选人主要是石墨烯、六方氮化硼和过渡金属二氯化物。第二个标准进一步排除了石墨烯,因为它的半金属特征,以及氮化硼,因为其作为绝缘体的大带隙。由于合适的带隙和出色的稳定性,大量的过渡金属二氯化物(TMDCs)被认为是光催化分解水应用的有希望的候选者[4,5]。然而,沿平面外方向的结构对称性不能很好地分离光诱导电荷,这限制了光催化的转换效率。

　　最近合成的不对称 Janus 过渡金属二钙化物继承了 2H 相 TMDCs 的优点,但提供了一个额外的自由度来调整/改善光催化分解水的性能。这些 Janus TMDCs 的典型结构如图 9.1(a)所示,过渡金属层被两个不同的致冷剂层夹住。因此,沿平面外方向的结构对称性被打破,导致了不同的电子、光学和光催化性能,这可以将 Janus 材料与 2H 相 TMDCs 区分开来。由二维 Janus 材料的结构不对称性引起的内在偶极子可以改善光激发的电子和空穴之间的空间分离,防止载流子复合。基于 Yang 等提出的反应机制,利用入射的近红外光进行分解水可以在二维极性光催化剂中实现,其中价带和导带位于两个相对的表面,由内在偶极引起的静电势差很大[6]。这将大幅提高光的利用效率。在这些有利特性的激励下,大量的二维 Janus 单层(Single layers, SLs)和双层(Bilayers,BLs)已被设计用于光催化分解水的应用,如 III$_2$XY(III = Ga 和 In;X,Y = S、Se,和 Te,且 X ≠ Y) SLs[7,8],MXY(M = Mo,W;)SL 和 BL[9-13],ScXY SLs[14],PtSSe SL 和 BL[15],和 MXZ(M = Zr,and Hf;X = S 和 Se;Z = O 和 S;X ≠ Z)SLs[16]。根据反应机制,光催化裂解水可以分为四个步骤(见图 9.1(b))。(1)水分子的吸附,(2)光激发,(3)电荷分离和传输,(4)表面 HER 和 OER 反应。它们中的每一个都会对光催化剂的效率产生重大影响。因此,下面笔者将从四个方面介绍 Janus 二维材料的光催化性能,并与对称的 2H 相 MX$_2$ 和 MY$_2$ 材料做相应的比较。在本章节的最后,笔者讨论了 Janus 二维材料的进一步挑战和可能的研究方向。

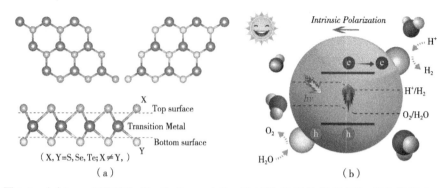

图 9.1 (a)Janus MXY(X, Y＝S, Se, and Te; X≠Y) 单层的原子结构;(b) 基于 **Janus MXY 单层的光催化分解水的示意图;该工作原理类似于 Z 型体系异质结[17];由于 Janus MXY (X, Y＝S, Se, and Te; X≠Y) 单层上下表面的静电势差,两个表面的 H+/H₂ 和 H₂O/O₂ 的氧化还原电位并不统一**

9.2 Janus TMDCs 的实验性合成

尽管具有两个不同表面的 Janus TMDC 结构在 2013 年就已从理论上提出[19],但由于用不同的黄铜元素均匀地替换一个表面的实验挑战,直到最近它们才被合成出来。因此,尽管有很多关于 TMDCs 的研究,如 $MoS_{2(1-x)}Se_{2x}$ 等黄铜杂质,但它们是随机替代掺杂的。由于实验设备和技术的进步,Janus 结构(由中心金属层和两个不同的致冷剂原子的边缘层组成的三明治结构)可以用改良的 CVD 方法制造出来。如图 9.2(a)所示,Zhang 和他的同事通过以下步骤合成了 Janus SeMoS:首先用远程氢气等离子体将合成的 MoS_2 SL 的顶层 S 原子替换为 H 原子(Janus HMoS SL 形成);然后用热硒化将 HMoS SL 的 H 原子替换为 Se 原子(Janus SeMoS SL 形成)[20]。不久之后,如图 9.2(b)所示,Lou 和他的同事也独立地使用硫化法制造了 SMoSe SL。更具体地说,$MoSe_2$ SL 的顶层 Se 原子在适当的温度(750～850 ℃)下通过硫化直接被 S 原子取代[21]。除了这两项工作外,此后关于 Janus TMD SLs 的制造实验进展很少。最近,Pan 和他的同事通过在 1000 ℃ 下加热 WS_2 和 WSe_2 混合粉末合成了 $WS_{2(1-x)}Se_{2x}$ SL,通过使用方向可控的氩气流交互改变化学气源,制造了 $WS_2-WS_{2(1-x)}Se_{2x}$ 横向异质结构[22]。通过调节混合粉末的成分,Se 的分子分数 x 可以在 0.06 到 1 之间进行调节。不幸的是,没有

具体证据证明 $WS_{2(1-x)}Se_{2x}$ SL 具有 Janus 结构。

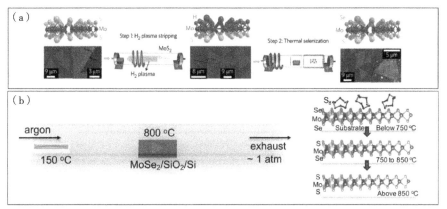

图 9.2　(a),(b)用两种不同的 CVD 方法制造 Janus MoSSe 单层的反应装置示意图

　　根据最近的实验进展,人们发现了 Janus SLs 许多新的电子特性,如巨大的压电效应,强大的 Rashba 自旋分裂,第二谐波生成(SHG)反应[20]。和高基底面 HER 的催化活性[21]。它们可以在气体传感器、压电设备、热电设备、太阳能电池、离子电池等方面产生有趣的应用。在本章节中,笔者主要关注其在光催化分解水方面的应用,并讨论了与平面外对称 TMDCs(在两个表面有相同的黄铜原子)相比的优势/劣势。

9.3　水分子的吸附

　　作为电化学、地球化学领域的一个关键问题,水与固体表面的相互作用已经得到了大量的关注[26-28]。光催化分解水可以分别由以下两个半反应来定义[29,30]:

$$\begin{cases} 2H^+ + 2e^- \longrightarrow H_2 \text{(reduction reaction)} & (9.1) \\ 2H_2O + 4h^+ \longrightarrow O_2 + 4H^+ \text{(oxidation reaction)} & (9.2) \end{cases}$$

　　因此,光催化剂表面对 H_2O 的吸附是催化反应的第一步,吸附强度被认为是表征其在光催化分水应用中活性的一个重要参数。对于 MoS_2 层来说,水分子一般在表面上的吸附力很弱,只有当存在缺陷和边缘的悬空键,可以与水分子化学结合时,才会发生分水反应。更有趣的是,如图 9.3(a)所示,人们发现,在施加垂直电场的情况下,由于气体分子和衬底材料之间的电子转移是可调控的,所以气体的选择性和灵敏度都可以得到明显的调节[23]。因此,可以预计,Janus 二维材料中由平面外不对称结构引起的固有偶极可以加强 H_2O 分子在表面的吸附,这可以为催化反应提供一个更好的平台。从理论模拟中确实发现,由于本征偶极子的存在,H_2O 在 MoSSe 的 S 面的结合能比 MoS_2 单层上的结合能大 0.04 eV 左右[9]。然而,H_2O 分子仍然主要以微弱的范德华力(vdW)与 MoSSe SL 的表面结合,这可能是其光催化分解水应用的一个障碍。幸运的是,如图 9.3(b)所示,三维过渡金属原子(Sc-Ni)可以有

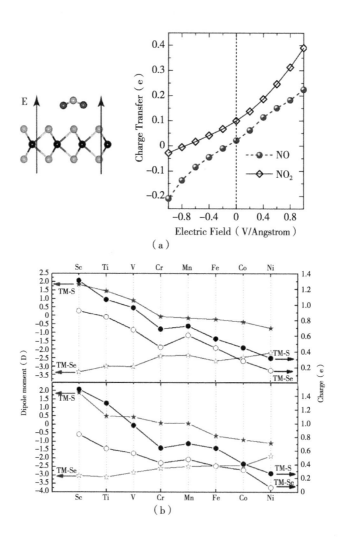

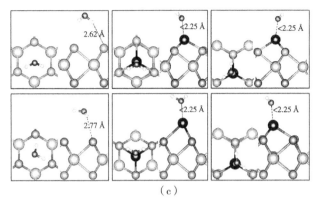

(c)

图 9.3 电荷转移随电场强度的变化而变化,对于 NO,以及吸附在 MoS$_2$ 单层上的 NO$_2$ 分子;(b)TM 原子在 S 表面和 Se 表面的不同吸附点的偶极矩和 Bader 电荷;(c)H$_2$O 在纯的和 TM 改性的 MoSSe 的两面(S 和 Se)的吸附结构

效调节 Janus MoSSe SL 的偶极矩[24]。而合适的过渡金属原子吸附也可以使 H$_2$O 和 MoSSe 之间的相互作用从静电 vdW 过渡到强化学键,大大加强了对 H$_2$O 分子的吸附[见图 9.3(c)],这为接下来的催化反应奠定了基础[25]。此外,有报道称 BL Janus MoSSe 是一种更好的气体传感器材料[31]。因此,由于极化的叠加,它们可以对水分子有更强的吸附行为。

9.4 太阳光的利用

太阳光的利用与光催化效率直接相关,可通过太阳能-氢能(STH)转换效率(η_{STH})进行评估,该效率被定义为光吸收效率(η_{abs})和载流子利用效率(η_{cu})的乘积[32]:

$$\eta_{STH} = \eta_{abs} \times \eta_{cu} \tag{9.3}$$

由于结构和化学上的相似性,Janus 二维 TMDCs 的带隙通常是在其母体材料的数值之间[9,12,33]。吸收光的效率被定义为[32]:

$$\eta_{abs} = \frac{\int_{E_g}^{\infty} P(h\omega)d(h\omega)}{\int_{0}^{\infty} P(h\omega)d(h\omega)} \tag{9.4}$$

其中 $P(h\omega)$ 为光子能量时的 AM 1.5 G 太阳能通量,$h\omega$ 和 E_g 是光催化剂的直接带隙。因此,Janus 二维 MXY 的光吸收效率也在其母体材料(MX$_2$ 和

MY_2)的数值之间。

然而,载流子利用率的情况则不同。载流子的利用效率(η_{cu})被定义为[32]:

$$\eta_{cu} = \frac{\Delta G_{H_2O} \int_E^\infty \frac{P(h\omega)}{h\omega} d(h\omega)}{\int_{E_g}^\infty P(h\omega) d(h\omega)} \qquad (9.5)$$

其中 ΔG_{H_2O} 是水分裂的自由能(1.23 eV),分子的其余部分代表有效光电流密度。这里,E 代表在水分解过程中可以实际利用的光子能量[32]。

$$E = \begin{cases} E_g, (\chi(H_2) \geqslant 0.2, \chi(O_2) \geqslant 0.6) \\ E_g + 0.2 - \chi(H_2), (\chi(H_2) < 0.2, \chi(O_2) \geqslant 0.6) \\ E_g + 0.6 - \chi(O_2), (\chi(H_2) \geqslant 0.2, \chi(O_2) < 0.6) \\ E_g + 0.8 - \chi(H_2) - \chi(O_2), (\chi(H_2) < 0.2, \chi(O_2) < 0.6) \end{cases}$$
$$(9.6)$$

其中 $\chi(H_2)$ 和 $\chi(O_2)$ 分别代表 HER 和 OER 的过电位。根据 Yang 等提出的反应机制[6]。如图 9.4 所示,Janus 二维材料中的固有偶极有助于移动氧化还原电位[9,33]。这将提高 $\chi(H_2)$ 和 $\chi(O_2)$。考虑到电子-空穴分离的本征电荷对总能量的贡献,具有垂直本征电荷的二维材料的光催化分解水的修正 STH 效率可计算如下。

$$\eta'_{STH} = \eta_{STH} \times \frac{\int_0^\infty P(h\omega) d(h\omega)}{\int_0^\infty P(h\omega) d(h\omega) + \Delta V \int_{E_g}^\infty \frac{P(h\omega)}{h\omega} d(h\omega)} \qquad (9.7)$$

其中 ΔV 是两个各自表面上的真空度差。

如表 9.1 所列,笔者选择 Janus MoSSe SL、MoS_2 和 $MoSe_2$ 的情况来显示 STH 的差异。这三种材料的光吸收效率与带隙的顺序相同。但由于垂直本征偶极引起的氧化还原过电位的提高,Janus MoSSe SL 的载流子利用效率大得多。当光吸收效率和载流子利用效率一起被考虑时,笔者可以发现 Janus MoSSe SL 具有最高的太阳能-氢能转换效率。根据方程 9.7 对太阳能-氢能(STH)转换效率进行修正后,该转换效率仍然明显大于其两种母体材料的太阳能-氢能效率。此外,由于纳米材料的电子特性可以被外部刺激很好地调整,人们发现拉伸应变和过渡金属原子的吸附可以加强光吸收[9,25]。更有趣的是,在二维 Janus MoSSe BL 中,通过改变堆积结构可以有效改善光吸收[10,11,15]。

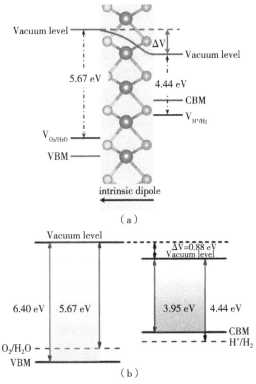

（a）

（b）

图 9.4　（a）MoSSe 单层的能级示意图；ΔV 表示 MoSSe 两边的电位差，这是由其固有的偶极引起的；CBM 和 VBM 之间的能量差等于带隙和两边的电位差（ΔV）之和；（b）基于 G_0W_0 水平的 CrSSe 单层的带状排列

表 9.1　HER 的过电位 $\chi(H_2)$，OER 的过电位 $\chi(O_2)$，HSE06 级的直接带隙，以及顶部和底部表面的静电势差（ΔV），MoS_2、$MoSe_2$ 和 MoSSe 单层的光吸收能量转换效率（η_{abs}）、载流子利用率（η_{cu}）、STH（η_{STH}）和校正的 STH（η'_{STH}）

	$\chi(H_2)$	$\chi(O_2)$	$E_g^{d(HSE)}$	ΔV	η_{abs}(%)	η_{cu}(%)	η_{STH} (%)	η'_{STH} (%)
MoS_2	0.24[34]	0.63[34]	2.10[34]	0	31.93[18]	47.45[18]	15.15[18]	—
$MoSe_2$	0.59[35]	0.07[35]	1.89[35]	0	41.28[18]	21.29[18]	8.79[18]	—
MoSSe	0.74[9]	0.83[9]	2.02[9]	0.78[9]	35.28[18]	48.59[18]	17.14[18]	15.46[18]

9.5 电荷分离和传输

JanusTMDCs 以其独特的表面和相关的平面外极化与对称的对应物相区别,这不仅影响了上述的带状结构和光学吸附,而且还导致了电荷分离。正如最近关于铁电 IIIX$_{23}$ 单层中极化增强整体分解水的研究所证明的那样,后者的结果有望显著提高光催化的效率[32]。由于固有的偶极子,价带最大值(VBM)和导带最小值(CBM)往往分布在 Janus 二维材料的不同侧面。与此形成鲜明对比的是,传统 TMDCs 的 VBM 和 CBM 都集中在同一区域,这明显增加了光诱导载流子复合的可能性[8,9,33]。以图 9.5(a)所示的 CrS$_2$、CrSe$_2$ 和 Janus CrSSe 为例,CrS$_2$ 和 CrSe$_2$ 单层的 CBM 和 VBM 都分布在中间层周围,彼此之间有很大的重叠,而 Janus CrSSe 单层的 CBM 和 VBM 主要分别分布在下层和上层。一般来说,在极性半导体中,电子被光子从带负电的原子激发到带正电的原子[36]。因此,对于 Janus CrSSe 来说,靠近 VBM 的 Cr 态在光照下不被激发,而靠近 VBM 的 S 态电子被光子激发并跳到 CBM,产生光激发的空穴和电子。随着沿垂直方向的内置电场从 Se 指向 S,光激发的电子将迁移到 Se 原子的 CBM。因此,光生载流子的空间分离得以实现。这种分离不仅降低了载流子的复合,而且还在空间上分离了反应产物(H$_2$ 和 O$_2$ 分子)。

除了在单一材料中由内在极化引起的电荷分离,具有Ⅱ型带排列的异质结构光催化剂是实现光激发载流子空间分离的另一种有效方法。在这个意义上,基于 Janus 二维材料的异质结已被设计为有效的光催化分解水,如 MoSSe/XN(X = Al, 和 Ga)[38]、MoSSe/WSSe[13] 和 MoSSe/SeTe[37]。特别是,理论上预测 Se-W-Te-S-Mo-Se 堆积型的 Janus MoSSe/SeTe 异质结是一种潜在的直接 Z-scheme 光催化剂,用于产氢气。如图 9.5(b)所示,改变堆积结构和引入表面黄铜空位都可以通过调节载流子分离和层间载流子复合之间的竞争,将电荷转移路径从Ⅱ型切换到 Z 型[37]。

电荷传输对于光产生的载流子快速到达表面的活性点也非常重要。通常情况下,载流子迁移率被用来评估电荷传输,它可以通过变形势理论来计算[39]。计算如下[40,41]。

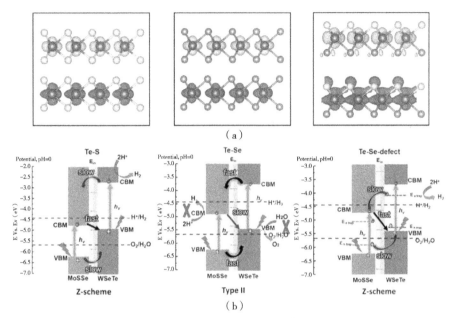

图 9.5　(a)CrS₂、CrSe₂ 和 CrSSe 单层的 VBM 和 CBM 的部分电荷密度分布的侧视图；(b)可见光照射下 T-S 堆积、T-Se 堆积和 T-Se 缺陷堆积的电荷转移机制和带缘位置示意图

$$\mu_{2D} = \frac{2e\hbar^3 C}{3K_B T \mid m^* \mid^2 E_1^2} \tag{9.8}$$

其中 T、e、K_B 和 $\hbar$ 是室温(300K)、电子电荷、玻尔兹曼常数和还原普朗克常数。E_1 是变形势常数，可以计算为：

$$E_1 = \frac{dE_{edge}}{d\varepsilon} \tag{9.9}$$

其中 E_{edge} 是带状边缘的能量，ε 是单轴应变。同时，C 是面内拉伸模量，可以得到：

$$C = \frac{\dfrac{\partial^2 E_{tot}}{\partial \varepsilon^2}}{S_0} \tag{9.10}$$

其中 E_{tot} 是总能量，S_0 是面积。此外，根据带状结构，空穴的有效质量(m_h^*)和电子的有效质量(m_e^*)可以通过拟合 VBM 和 CBM 附近电子能带来评估：

$$m^* = \pm \hbar^2 \left(\frac{d^2 E_k}{dk^2} \right)^{-1} \tag{9.11}$$

与带隙类似，由于结构和化学上的相似性，二维 Janus 材料的载流子迁移率值通常介于其母体材料的中间。如表 9.2 所列，笔者以 Janus MoSSe 为例，进行详细讨论。对于电子和空穴来说,其迁移率的顺序是 $\mu_{MoS_2} > \mu_{MoSSe} > \mu_{MoSe_2}$。通常情况下,电子和空穴迁移率之间的巨大差距会有效地阻止光激发载流子的结合,提高光催化效率。在 MoSSe SL 中,μ_h 是 μ_e 的 4 倍以上,但在 MoS_2 和 $MoSe_2$ SL 中分别只有 3.6 倍和 2.1 倍。因此,二维 Janus 材料中巨大的载流子迁移率差异可以进一步增强光生载流子的空间分离。

表 9.2 MoS_2、$MoSe_2$ 和 MoSSe 单层的电子(μ_e)和空穴(μ_h)的迁移率

材料	μ_h ($cm^2 \cdot V^{-1} \cdot s^{-1}$)	μ_e ($cm^2 \cdot V^{-1} \cdot s^{-1}$)
MoS_2[42]	270	130
$MoSe_2$[42]	90	25
MoSSe[12]	210.95	52.72

9.6 表面化学催化反应

当光激发的载流子成功到达光催化剂的活性表面位点时,它们需要足够的氧化还原电位和驱动力来参与水的氧化-还原反应(公式 9.1 和 9.2)。充分的氧化还原电位对于完全的光催化分解水来说要求 CBM 应该高于氢的还原水平(pH=0 时为 −4.44 eV),而 VBM 的电位应该低于氧的氧化水平(pH=0 时为 −5.67 eV)。如上所述,Janus 二维材料中的固有偶极子有助于转移氧化还原电位。通常情况下,Janus 二维材料的氧化还原电位比其母体材料高。如图 9.6(a)所示,对称的 TMDC 材料如 CrS_2、$CrSe_2$ 和 $CrTe_2$ 单层没有足够的氧化还原电位来触发光催化整体分水,相应的 Janus 二维材料($CrSSe$、$CrSeTe$、$CrSTe$)仍然可以有足够的氧化还原电位,这是由于极化引起的带边状态的重新排列,其中 H^+/H_2 和 O_2/H_2O 的电位位于间隙中[33]。

最近,主要通过光照下的 HER 和 OER 的自由能变化来评价光出载流子对整体水分的驱动力[30,35,43]。首先,在没有任何外部电势的情况下计算 HER 和 OER 的自由能曲线,以模拟没有任何光照射的情况,这与电催化分解水的研究相同。然后考虑由光产生的空穴和电子提供的外部电位,再次分别计算 OER 和 HER 的自由能曲线。如果所有的步骤都是下坡路,那么整个分解水反应可以自发运行,这意味着光射出的载流子有足够的驱动力。用于 HER 的光生电子的外部电位被定义为氢还原电位和 CBM 之间的能量差,而用于

水氧化的光生空穴的外部电位是氢还原电位和 VBM 的能量差。由于二维 Janus 材料比它们的母体具有更高的氧化还原电位,它们将获得更高的外部电位,并更容易获得足够的光射出载流子的驱动力来进行全解水。如图 9.6 (a)所示,这些期望在 CrXY Janus 材料中可以得到很好的实现。

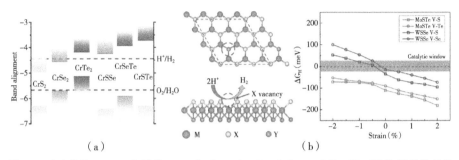

图 9.6　(a)基于 HSE06 水平的 CrX$_2$ 和 CrXY(X,Y＝S,Se, and Te; X≠Y)单层的带状排列;黑色的虚线代表水的氧化还原水平;(b) Janus TMDs 上的 HER 反应示意图(左);有空位的不同 Janus TMDs 的 ΔG$_H$ 与应用应变的关系(右);催化窗口设为±25 meV)以灰色区域突出显示

此外,基于对称 TMDCs 的 HER 催化剂的主要缺点是缺乏催化活性点。为了激活其催化的惰性基底面,以前的报告表明,应该涉及剧烈的外部场或缺陷工程[要么施加高达 8% 的巨大应变,要么引入高的 S 空位浓度(12.5%),或者两者同时进行][45]。这种复杂的技术给 HER 催化反应带来了很大的挑战。幸运的是,由于 Janus 结构内固有的晶格应变,已经发现具有低密度黄铜空位的 Janus WSSe SL 的基底面可以在没有这种极端条件下被激活。如图 9.6(b)所示,低应变(−0.5%~0.5%)和缺陷浓度(6.25%)可以使 Janus WSSe SL 在两侧显示出明显的高 HRE 催化活性,因此更有希望用于分解水应用[44]。

9.7　结论和展望

总之,独特的面外不对称结构使 Janus TMDCs 具有许多新的特性,如内在的垂直偶极子、高程度的压电性和容易激活的基底面。对于光催化反应来说,重要的是内在的垂直偶极子能够以自上而下的方式实现不对称的载流子隧道,改善光激发载流子之间的空间分离,增强非线性光学行为,并引起更好的水分子吸附能力。这些突出的特点使 Janus TMDCs 在分解水应用中比对称的同类材料在水分子吸附、光学吸附、光诱导电子孔分离和表面 HER/OER 反应等方面具有更好的光催化性能。

尽管有很好的应用潜力,但对 Janus 二维 TMDC 材料的研究仍处于起步阶段,有很多挑战和机遇。到目前为止,几乎所有 Janus 二维材料的潜在光催化应用都是由理论模拟提出的。首先,为了在现实生活中应用这些应用,当务之急是通过实验来制造所有这些 Janus 二维材料。尽管在以前的文献中提出了许多复杂的制造策略[8,46-48]。到目前为止,只有 Janus MoSSe SL 被成功合成。由于合成条件苛刻(温度和成分的精确控制),Janus MoSSe SL 的产量非常低。因此,无论是将 Janus MoSSe 层的合成方法扩展到其他 Janus 二维材料,还是开发新的制造策略,都是急切需要的。其次,虽然具有 Ⅱ 型带排列的异质结构光催化剂可以很好地实现光激发载流子的空间分离,但大部分光激发载流子聚集在界面上,而不是参与氧化还原反应。如何推动界面上的光激发载流子参与氧化还原反应,是提高异质结构光催化剂光催化效率的一个大问题。具有面外本征偶极子的 Janus 二维材料为解决这一问题提供了一条有希望的途径。如果笔者能选择合适的 Janus 二维材料,保持层内和层间电场方向一致,光诱导的电子和空穴将进一步分离并到达表面参与氧化还原反应。遗憾的是,到目前为止,还没有相关成果的报道。最后但并非最不重要的是,评估光催化剂在水溶液中的稳定性是光催化水分解研究中的一个关键问题。具体来说,光产生的空穴可能会氧化光催化剂而不是水,或者光产生的电子可能会还原光催化剂而不是水中的 H^+。尽管实验证明 Janus MoSSe 单层可以很好地用于电催化制氢[21]。不幸的是,到目前为止,还没有发现关于二维 Janus 材料在光照下水溶液中的稳定性的报道。

参考文献

[1] PAN L,KIM J H.,MAYER M T,et al. Boosting the performance of Cu_2O photocathodes for unassisted solar water splitting devices[J]. Nature Catalysis,2018,1:412-420.

[2] LIU E,JIN C,XU C,et al. Facile strategy to fabricate Ni_2P/g-C_3N_4 heterojunction with excellent photocatalytic hydrogen evolution activity[J].

International Journal of Hydrogen Energy,2018,43:21355—21364.

［3］ LIU E,CHEN J,MA Y,et al. Fabrication of 2D SnS_2/g-C_3N_4 hetero-junction with enhanced H_2 evolution during photocatalytic water split-ting[J]. Journal of Colloid & Interface Science,2018,524:313—324.

［4］ WANG F,SHIFA T. A. ,ZHAN X,et al. Recent advances in transi-tion-metal dichalcogenide based nanomaterials for water splitting[J]. Nanoscale,2015,7:19764—19788.

［5］ SUMESH C K,PETER S C. Two-dimensional semiconductor transi-tion metal based chalcogenide based heterostructures for water splitting applications[J]. Dalton Transactions,2019,48:12772—12802.

［6］ LI X,LI Z,YANG J. Proposed photosynthesis method for producing hydrogen from dissociated water molecules using incident near-infrared light[J]. Physics Review Letters,2014,112:018301.

［7］ HUANG A,SHI W,WANG Z. Optical Properties and Photocatalytic Applications of Two-Dimensional Janus Group-III Monochalcogenides [J]. Journal of Physical Chemistry C,2019,123:11388—11396.

［8］ BAI Y,ZHANG Q,XU N,et al. The Janus structures of group-III chalcogenide monolayers as promising photocatalysts for water split-ting[J]. Applied Surface Science,2019,478:522—531.

［9］ MA X,WU X,WANG H,et al. Janus MoSSe monolayer:a potential wide solar-spectrum water-splitting photocatalyst with a low carrier re-combination rate[J]. Journal of Materials Chemistry A,2018,6:2295—2301.

［10］ WEI S,LI J,LIAO X,et al. Investigation of Stacking Effects of Bilayer MoSSe on Photocatalytic Water Splitting [J]. Journal of Physical Chemistry C,2019,123:22570—22577.

［11］ GUAN Z,NI S,HU S. Tunable Electronic and Optical Properties of Monolayer and Multilayer Janus MoSSe as a Photocatalyst for Solar Water Splitting:A First-Principles Study [J]. Journal of Physical Chemistry C,2018,122:6209—6216.

［12］ XIA C,XIONG W,DU J,et al. Universality of electronic characteris-tics and photocatalyst applications in the two-dimensional Janus transition metal dichalcogenides[J]. Physical Review B,2018,98:165424.

[13] IDREES M,DIN H U,ALI R,et al. Optoelectronic and solar cell applications of Janus monolayers and their van der Waals heterostructures [J]. Physical Chemistry Chemical Physics,2019,21:18612—18621.

[14] YANG X,BANERJEE A,AHUJA R. Probing the active sites of newly predicted stable Janus scandium dichalcogenides for photocatalytic water-splitting[J]. Catalysis Science & Technology,2019,9:4981—4989.

[15] PENG R,MA Y,HUANG B,et al. Two-dimensional Janus PtSSe for photocatalytic water splitting under the visible or infrared light[J]. Journal of Materials Chemistry A,2019,7:603—610.

[16] CHEN W,HOU X,SHI X,et al. Two-Dimensional Janus Transition Metal Oxides and Chalcogenides:Multifunctional Properties for Photocatalysts,Electronics,and Energy Conversion[J]. ACS Applied Materials & Interfaces,2018,10:35289—35295.

[17] FU C.-F.,LUO Q,LI X,et al. Two-dimensional van der Waals nanocomposites as Z-scheme type photocatalysts for hydrogen production from overall water splitting[J]. Journal of Materials Chemistry A,2016,4:18892—18898.

[18] JU L,BIE M,SHANG J,et al. Janus Transition Metal Dichalcogenides:a Superior Platform for Photocatalytic Water Splitting[J]. Journal of Physics Materials,2020,3(2):022004.

[19] CHENG Y. C.,ZHU Z. Y,TAHIR M,et al. Spin-orbit-induced spin splittings in polar transition metal dichalcogenide monolayers[J]. Europhys Letters,2013,102:57001.

[20] LU A. Y.,ZHU H,XIAO J,et al. Janus monolayers of transition metal dichalcogenides[J]. Nature,2017,12:744—749.

[21] ZHANG J,JIA S,KHOLMANOV I,et al. Janus Monolayer Transition-Metal Dichalcogenides[J]. ACS Nano 2017,11:8192—8198.

[22] ZHENG B,MA C,LI D,et al. Band Alignment Engineering in Two-Dimensional Lateral Heterostructures [J]. Journal of the American Chemical Society,2018,140:11193—11197.

[23] YUE Q,SHAO Z,CHANG S,et al. Adsorption of gas molecules on

monolayer MoS_2 and effect of applied electric field[J]. Nanoscale Research Letters,2013,8:425.

[24] TAO S,XU B,SHI J,et al. Tunable Dipole Moment in Janus Single-Layer MoSSe via Transition-Metal Atom Adsorption[J]. Journal of Physical Chemistry C,2019,123:9059－9065.

[25] MA X,YONG X,JIAN C. -C,et al. Transition Metal-Functionalized Janus MoSSe Monolayer:A Magnetic and Efficient Single-Atom Photocatalyst for Water-Splitting Applications [J]. Journal of Physical Chemistry C,2019,123:18347－18354.

[26] THIEL P. A. ,MADEY T. E.. The interaction of water with solid surfaces:Fundamental aspects[J]. Surface Science Reports,1987,7:211－385.

[27] CARRASCO J,ILLAS F,LOPEZ N. Dynamic ion pairs in the adsorption of isolated water molecules on alkaline-earth oxide(001)surfaces [J]. Physics Review Letters,2008,100:016101.

[28] JUNG S. C. ,KANG M. H.. Adsorption of a water molecule on Fe (100):Density-functional calculations[J]. Physics Review B,2010,81:115460.

[29] CHEN S,WANG L. -W. Thermodynamic Oxidation and Reduction Potentials of Photocatalytic Semiconductors in Aqueous Solution[J]. Chemistry of Materials,2012,24:3659－3666.

[30] QIAO M,LIU J,WANG Y,et al. $PdSeO_3$ Monolayer:Promising Inorganic 2D Photocatalyst for Direct Overall Water Splitting Without Using Sacrificial Reagents and Cocatalysts[J]. Journal of the American Chemical Society,2018,140:12256－12262.

[31] JIN C,TANG X,TAN X,et al. Janus MoSSe monolayer:a superior and strain-sensitive gas sensing material[J]. Journal of Materials Chemistry A,2019,7:1099－1106.

[32] FU C F,SUN J,LUO Q,et al. Intrinsic Electric Fields in Two-dimensional Materials Boost the Solar-to-Hydrogen Efficiency for Photocatalytic Water Splitting[J]. Nano Letters,2018,18:6312－6317.

[33] ZHAO P,LIANG Y,MA Y,et al. Janus,Chromium Dichalcogenide

Monolayers with Low Carrier Recombination for Photocatalytic Overall Water-Splitting under Infrared Light[J]. Journal of Physical Chemistry C,2019,123:4186—4192.

[34] ZHANG J. -R. ,ZHAO Y. -Q,CHEN L,et al. Density functional theory calculation on facet-dependent photocatalytic activity of MoS_2/CdS heterostructures[J]. Applied Surface Science,2019,469:27—33.

[35] FAN Y,WANG J,ZHAO M. Spontaneous full photocatalytic water splitting on 2D $MoSe_2/SnSe_2$ and $WSe_2/SnSe_2$ vdW heterostructures [J]. Nanoscale,2019,11:14836—14843.

[36] TANG H,BERGER H,SCHMID P E,et al. Optical properties of anatase(TiO_2)[J]. Solid State Communications,1994,92:267—271.

[37] ZHOU Z,NIU X,ZHANG Y,et al. Janus MoSSe/WSeTe heterostructures:a direct Z-scheme photocatalyst for hydrogen evolution[J]. Journal of Materials Chemistry A,2019,7:21835—21842.

[38] YIN W,WEN B,GE Q,et al. Role of intrinsic dipole on photocatalytic water splitting for Janus MoSSe/nitrides heterostructure:A first-principles study[J]. Progress in Natural Science-Materials International, 2019,29:335—340.

[39] BARDEEN J,SHOCKLEY W. Deformation Potentials and Mobilities in Non-Polar Crystals[J]. Physical Review,1950,80:72—80.

[40] XI J,LONG M,TANG L,et al. First-principles prediction of charge mobility in carbon and organic nanomaterials[J]. Nanoscale,2012,4: 4348—4369.

[41] LI X,DAI Y,LI M,et al. Stable Si-based pentagonal monolayers:high carrier mobilities and applications in photocatalytic water splitting[J]. Journal of Materials Chemistry A,2015,3:24055—24063.

[42] JIN Z,LI X,MULLEN J. T. ,et al. Intrinsic transport properties of electrons and holes in monolayer transition-metal dichalcogenides[J]. Physical Review B,2014,90:045422.

[43] YANG H,MA Y,ZHANG S,et al. GeSe@SnS:stacked Janus structures for overall water splitting[J]. Journal of Materials Chemistry A, 2019,7:12060—12067.

[44] ER D,YE H,FREY N. C. ,et al. Prediction of Enhanced Catalytic Activity for Hydrogen Evolution Reaction in Janus Transition Metal Dichalcogenides[J]. Nano Letters,2018,18:3943—3949.

[45] LI H,TSAI C,KOH A. L. ,et al. Corrigendum:Activating and optimizing MoS_2 basal planes for hydrogen evolution through the formation of strained sulphur vacancies[J]. Nature Materials,2016,15:364.

[46] KANDEMIR A,SAHIN H,Janus single layers of In_2SSe:A first-principles study[J]. Physical Review B,2018,97:155410.

[47] JIAO J,MIAO N,LI Z,et al. 2D Magnetic Janus Semiconductors with Exotic Structural and Quantum-Phase Transitions[J]. Journal of Physical Chemistry Letters,2019,10:3922—3928.

[48] ZHANG X,CUI Y,SUN L,et al. Stabilities,and electronic and piezoelectric properties of two-dimensional tin dichalcogenide derived Janus monolayers[J]. Journal of Materials Chemistry C,2019,7:13203—13210.

第十章 二维 Janus vdW 异质结材料光解水催化剂

概述

    二维 Janus vdW 异质结，指的是包含至少一种 Janus 材料的异质结。由于内在的极化和独特的层间耦合，该种特殊的异质结材料被发现表现出可调控的电子结构、宽的光吸附光谱、可控制的接触电阻和足够的氧化还原电位。这些新的结构和特性使得该种材料很有希望在光解水领域有潜在应用。为了全面介绍研究进展并指导后续研究，笔者在本章总结了不同类型的二维 Janus vdW 异质结构的基本特性，包括电子结构、界面接触和光学特性，并讨论了其在光解水领域中的潜在应用。在本章节的最后，笔者将讨论新型异质结的进一步挑战和可能的研究方向。

10.1 绪论

    近年来，以石墨烯[1,2]、石墨氮化碳（g-C$_3$N$_4$）[3,4]、二硫化钼（MoS$_2$）[5,6]、磷光体[7,8]和 MXenes[9] 为代表的二维（2D）层状材料，由于其优异的电子/机械性能和在纳米器件中的潜在应用，引起了广泛的研究兴趣。与单一材料不同的是，结合了两种或更多不同层状材料的 vdW 异质结构为新的性能和潜在的应用创造了更多的机会[10,11]。由于相对较弱的层间耦合，大部分成分的固有特性仍然存在，这就为在异质结构中结合固有的优势提供了机会。此外，vdW 异质结构还可以克服单一材料的缺点，如低量子效率、高电荷重组和严重的化学反作用[12,13]。作为一个典型的例子，半导体中的氧化还原电位与光吸收是光催化分水的一个不可调和的矛盾。小的带隙有利于高光吸收，相反，大的带隙对高氧化还原电位的水分离是必不可少的[14]。这个悖论在单一材料中很难解决，但在 vdW 异质结构中可以通过将不同带隙的层结合在一起来解决。同样有趣的是,由于二维 vdW 异质结中的层间极化,可以诱发新的现象,如新的光吸收峰[15]、电荷迁移[16]、内置电场[17],以及重新排列的带状排列[18]。各种基于异质结构的纳米器件已经被证明或提出,如场效应晶体管[19,20]、太阳能电池[21,22]、发光二极管(LED)[23]和光电探测器[24,25]。

　　在二维 vdW 异质结构中,有一个特殊的系列引起了越来越多的研究关注,即由至少一层 Janus 材料组成的多层结(在下文中,它是二维 Janus vdW 异质结构的简称)。与传统的 vdW 异质结构不同,Janus 材料的内在层内极化将与内置的层间极化场耦合,这将为异质结构的物理/化学性质的调制提供额外的自由度,导致新的特征和应用潜力。基于最近的研究进展,在本章节中,在简要介绍了 Janus vdW 异质结构的理论稳定性后,笔者全面总结了其基本的电子/光学/化学特性(见图 10.1)。还讨论了在特定领域的相关潜在

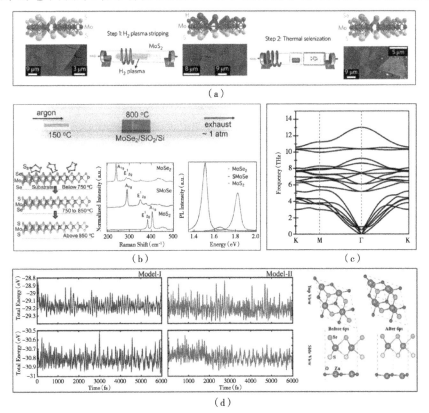

图 10.1　(a),(b)用两种不同的 CVD 方法制造 Janus MoSSe 单层的反应装置示意图;(c) MoSSe-WSe₂ vdW 异质结的声子弥散;(d)(左)具有不同堆积模式的 MoSSe-ZnO(向上)和 WSSe-ZnO(向下)vdW 异质结构的热稳定性,以及(右)加热 6 ps 前后的 ZnO-MoSSe 原子结构

应用,如电子器件、化学催化和能源转换。本章节将提供一个特殊异质结构家族的全面概述,并在不久的将来激发实验工作人员对该方向兴趣。在章节的最后,将讨论进一步的挑战和可能的研究方向。

10.2 Janus 异质结材料的合成和结构稳定性

作为 Janus vdW 异质结构的重要组成部分,到目前为止,只有两种合成的 Janus 层材料,即 MoSSe 和 WSSe 单层。Janus WSSe 单层是通过脉冲激光烧蚀等离子体将 Se 元素植入 WS_2 单层来制造的[26],而 MoSSe 单层是基于 MoS_2 单层的硒化[27]或 $MoSe_2$ 单层的硫化[28]以改良化学气相沉积(CVD)方法来合成的,见图 10.1(a)和(b)。选择性硫化过程对温度和压力有一个特殊要求(见图 10.1(b))。在保持大气压的情况下,当温度低于 750 ℃ 和超过 850 ℃ 时,样品的拉曼峰分别与孤立的 $MoSe_2$ 和 MoS_2 的相似。只有当温度在 750 ℃ 和 850 ℃ 之间时,硒的取代反应在顶层发生,而在底层没有发生,导致成功合成了 Janus MoSSe 单层。研究还发现,大气压可以扩大顶层硒置换反应的稳定温度窗口,但长硫化时间却不能引发底层的硒置换反应。

对于垂直异质结构的制造,主要有两种策略,一是通过手动堆叠不同的剥离的纳米片[29-31],二是直接在选定的衬底上生长不同的纳米片[22,32-34]。对于第一种方法,诸如硼纳米片[35]、锑多层[36]、铋多层[37]、InSe[38] 和 $CH_3NH_3PbI_3$ 过氧化物纳米片[39]等纳米片需要被物理地转移到衬底上。然而,主要的缺点是,化学插层或机械超声过程的程序既不能扩展也不能控制[40]。对于 CVD 技术的第二种策略,制造的异质结界面是干净的,而且堆叠是可控的[32]。事实上,如图 10.1(b)所示,Janus MoSSe 单层是在 SiO_2/Si 基底上合成的,它可以被视为一般的 Janus vdW 异质结构。

尽管到目前为止还没有二维 Janus vdW 异质结构的实验报告,但许多理论工作已经从能量、动力学、热学和力学的角度全面研究了结构稳定性作为堆积模式的函数。它们分别通过结合能、声子谱、分子动力学和弹性常数进行评估。例如,对于 VSe_2-MoSSe,MoSSe-WSe_2,MoSSe-WSSe,GeC-MoSSe,GeC-WSSe 和 BlueP(蓝磷)-MoSSe vdW 异质结构[42-49],计算的结合能都是负的,这证实了这些 2D Janus vdW 异质结构的能量稳定性。除了结合能,动态稳定性也通过声子计算得到了验证。具体来说,在具有合适的堆积模式的整个布里渊区都没有虚频[41,43,44,47,50,51][见图 10.1(c)中 MoSS-WSe$_2$ vdW 异质结构的声子谱]。对于 MoSSe-WSe$_2$、ZnO-MoSSe、ZnO-WSSe、MoSSe-GaN、MoSSe-AlN 和 BlueP-MoSSe vdW 异质结构的超级细胞,通过在 300K 下进行数皮秒的非初始分子动力学(AIMD)模拟来检查其热稳定性。轻微的总能量波动和不明显的几何重构表明它们在室温下具有良好的热稳定性[41,42,46,48](见图 10.1(d),ZnO-MoSSe vdW 异质结构)。MoSSe-WSSe 和 GaS$_{0.5}$Se$_{0.5}$—As vdW 异质结构的机械稳定性已经根据 Born 的稳定性标准($C_{ii} > 0$,和 $C_{11}C_{22} - C_{12}^2 > 0$)得到证明[43,49]。所有这些关于稳定性的理论研究,结合一些 Janus 层状材料已经被实验合成的事实,表明二维 Janus vdW 异质结构是稳定的,在不久的将来是可行的。

10.3 Janus 异质结材料的基本属性

10.3.1 电子结构

由于 Janus 材料存在固有的层内极化及其与层间极化场的耦合,二维 Janus vdW 异质结的电子特性将受到显著影响。最近的研究表明,带隙、带状排列、带缘位置和带状分裂将在很大程度上取决于堆叠顺序、外部电场和机械应力。

应变和电场下的能带工程

由于层内、层间极化和晶格失配引起的应变,二维 Janus vdW 异质结构的带隙很容易受到外部干扰,如应变和电场。以 MoSSe-WSSe vdW 异质结构为例,如图 10.2(a)所示,带隙可以随着外部面内应变而明显减小。当拉伸应变大于 8% 或施加大电场时,异质结构系统可以被金属化[50]。在平面内双轴应变或垂直压缩应变下[通过改变层间距离,见图 10.2(c)],可以诱发带隙的直接-间接转变。然而,在垂直拉伸应变中没有这种现象,因为当距离增加时,层间的耦合将被削弱[43]。对于 In$_2$STe-InSe vdW 异质结构,内在直接带隙的特性在垂直拉伸应变下可以被保留,尽管其数值变小。而垂直电场则引起了带状结构的直接-间接转变,见图 10.2(c)[52]。在 WSSe-SiC、MoSSe-SiC、MoSTe-WSTe、MoSeTe-WSeTe 和 MoSSe-GaN vdW 异质结构中可以发现在应变或电场下非常相似的带隙行为[45,53-55]，表明外部应变和电场都是调控二维 Janus vdW 异质结构电子特性的有效办法。

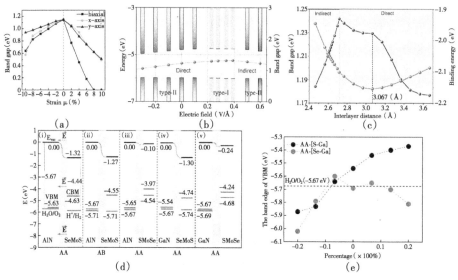

(a)

(b)

(c)

(d)

(e)

图 10.2 （a）MoSSe-WSSe vdW 异质结构在不同单轴和双轴应变下的带隙-应变计算关系；（b）不同电场下 In$_2$STe-InSe vdW 异质结构的带隙和带缘位置；（c）In$_2$STe-InSe vdW 异质结构的结合能和带隙与层间距离的关系；（d）不同堆叠模式的 MoSSe-AlN 和 MoSSe-GaN 垂直异质结构的带缘位置；（e）不同堆叠模式的 MoSS-GaN 垂直异质结构在不同应变下的 VBM

带状排列和带状边缘位置

作为异质结构的一个重要电子参数，两个成分之间的带状排列将决定光学吸附和电荷分离，这与光伏和光催化的应用高度相关。与传统的异质结构不同，Janus vdW 异质结构的带状排列可以通过 Janus 层的固有偏振来调整，其中的方向可以通过堆叠顺序来调整。例如，当堆叠顺序从 BuleP-S-Mo-Se 变为 BlueP-Se-Mo-S 时，BlueP-MoSSe vdW 异质结构的带状排列从Ⅰ型变为Ⅱ型，这对光学用途是可取的[48]。在 MoSSe-WS$_2$ 和 MoSSe-WSe$_2$ 异质结构中，在大的额外电场和应变的帮助下也观察到类似的转变[55]。如图 10.2（b）所示，在外部电场或垂直应变的作用下，In$_2$STe-InSe vdW 异质结构可以触发交错带排列的转变[52]。

对于Ⅱ型异质结构，传导带最小值（CBM）和价带最大值（VBM）位于不同的元件。此外，由于不同的电负性，各组分具有不同的真空电位[17,18]。因此，带边位置、H$^+$/H$_2$ 的还原电位和 O$_2$/H$_2$O 的氧化电位，这些通常用于评估载体的氧化还原能力以进行水分离,需要在不同的组分中分别计算。不幸的是,这一点被一些研究忽略了,导致了不可靠的预测[45,57,58]。即使如此,MoSSe-AlN 和 MoSSe-GaN vdW 异质结构的带边位置被适当地评估[如图 10.2(d)所示],它被预测为适合于水分流。同时,发现带缘位置可以通过外部电场、应变或堆叠模式来调整,见图 10.2(e)[53,56]。此外,利用带边位置和总能量相对于应变的变化,可以根据变形势理论计算出载流子的迁移率(详细的计算方法可以在笔者以前的文章中找到[59])。对于 MoSSe/GaN 和 MoSSe/AlN vdW 异质结构,沿 Armchair 方向的电子迁移率分别为 275.86 cm^2·V^{-1}·s^{-1} 和 384.51 cm^2·V^{-1}·s^{-1},而沿 Zigzag 形方向则为 276.27 cm^2·V^{-1}·s^{-1} 和 575.08 cm^2·V^{-1}·s^{-1}。同时,沿 Armchair 方向的空穴迁移率分别为 3476.81 cm^2·V^{-1}·s^{-1} 和 280.27 cm^2·V^{-1}·s^{-1},而沿 Zigzag 形方向的空穴迁移率为 3651.83 cm^2·V^{-1}·s^{-1} 和 334.11 cm^2·V^{-1}·s^{-1}[46]。与 MoSSe 单层的载流子迁移率(空穴和电子迁移率为 210.95 cm^2·V^{-1}·s^{-1} 和 52.72 cm^2·V^{-1}·s^{-1})相比[60],异质结构的形成加快了载流子的转移[46]。

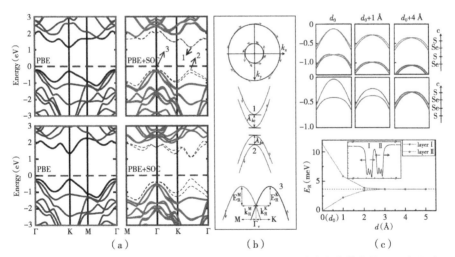

图 10.3　(a)MoSSe-ZnO(向上)和 WSSe-ZnO(向下)vdW 异质结构的带结构;(b)自旋纹理图和用数字 1～3 标记的 K 点价带/导带分裂的放大图;(c)不同层间距离和堆积顺序的 WSSe 双层的 VBM 部周围(向上),以及层间距离和 WSSe 双层的 Rashba 分裂能之间的关系(向下);WSSe 单层的分裂能用黑色虚线表示

　　在二维 Janus vdW 异质结构中,根据衬底和 Janus 层的相对偏振方向,自旋分裂和 Rashba 效应变得明显不同。以 ZnO-WSSe 和 ZnO-MoSSe vdW 异质结构为例,在带结构中可以观察到两种构型的拉什巴自旋分裂和带自旋分

裂[42]。图 10.3(a)和(b)显示了由自旋-轨道相互作用引起的带状自旋劈裂。由于极化的存在,价带和导带的 Rashba 分裂不仅取决于堆积模式,而且还取决于衬底的选择。MoSSe-ZnO 的价带上的 Rashba 分裂明显比 WSSe-ZnO 的要弱。同样,在 GeC-MoSSe 和 GeC-WSSe vdW 异质结构中也存在同样的带旋分裂[44]。特别是,拉什巴自旋极化的强度可以通过调整堆叠模式来调整[44]。此外,由于层间电场和层内电场之间的竞争,改变层间距离也可以调控 Rashba 效应,见图 10.3(c)中 MoSSe 和 WSSe 双层的例子[65-74]。二维 Janus vdW 异质结构中可调控的 Rashba 自旋极化为开发二维自旋电子器件提供了一个良好的平台[44]。

10.3.2 光学特性

二维 vdW 异质结是一种有前途的太阳能电池、光电探测器和光催化剂的候选材料[76-78]。例如,Zhang 等发现了 MoS$_2$-石墨烯异质结构中的综合优势,即石墨烯的宽带响应和超快弛豫以及 MoS$_2$ 的强光-物质相互作用[76]。与单一的 MoS$_2$ 和石墨烯相比,该异质结构拥有卓越的光反应活性,这主要是由极其高效的电荷分离、强光-物质相互作用和增强的光吸收所引起的[77]。类似的现象和应用也在石墨烯-BlackP(黑色磷光体)异质结中被发现[78]。

二维 Janus vdW 异质结构也被预测为在可见区拥有宽的吸收波长和高的光学吸收系数。例如,在 MoSSe-GaN 和 MoSSe-AlN vdW 异质结构中,光学吸收的主要峰值分别达到 $2.74 \times 10^5 \ cm^{-1}$ 和 $1.86 \times 10^5 \ cm^{-1}$(在 425 nm 和 536 nm),以及 $3.95 \times 10^5 \ cm^{-1}$ 和 $2.05 \times 10^5 \ cm^{-1}$(在 412 nm 和 528 nm)[46]。MoSS-ZnO vdW 异质结构在 549.9 nm 处有一个高吸收峰($>10^5 \ cm^{-1}$),其光学吸收光谱几乎涉及所有的入射太阳光谱[79]。MoSS-SiC 和 WSSe-SiC vdW 异质结构也是如此[54]。在可见光区域,GaS$_{0.5}$Se$_{0.5}$-Arsenene 异质结构的主要吸收峰超过 $10^5 \ cm^{-1}$,比孤立的 GaS$_{0.5}$Se$_{0.5}$ 单层更强。吸收系数的增强是由于形成 vdW 异质结构后带隙减小[49]。Janus MoSS-GaN 异质层具有广泛的光吸收光谱(从可见光到紫外光),而主要的光吸收峰高达 $10^5 \ cm^{-1}$[53]。在可见光下,石墨烯-SeTe 异质结构的主要吸收峰达到 $5 \times 10^4 \ cm^{-1}$,是 Janus WSeTe 单层的两倍。更重要的是,在紫外线区域,其吸收系数甚至可以达到 $10^5 \ cm^{-1}$[68]。

此外,通过调整层间距离、外部电场和应变,可以有效地调整光学吸收系数,见图 10.4(a)～(f)。在 MoSS-ZnO vdW 异质结构中,新的吸附峰可以由可见光区域的应变诱导出来[79]。对于 MoSSe-SiC 和 WSSe-SiC vdW 异质结构,人们发现在可见光下,光学吸收率可以通过应变出现的吸收峰来增强,导致光学吸收光谱的蓝移[54]。层间距离和电场的影响在石墨烯-MoSSe 异质结构中被证明。具体来说,更强的层间耦合(通过减少层间距离实现)会导致更高的光吸收系数。同时,平面内的应变可以使吸收光谱发生红移,在 0.4V/Å 的电场下,光吸收系数上升[75]。

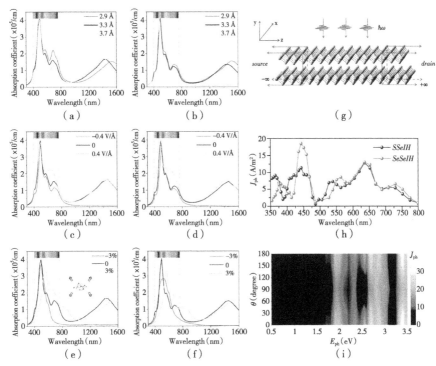

图 10.4 ((a),(b))层间距离,((c),(d))外部电场和((e),(f))应变对石墨烯-MoSSe vdW 异质结在石墨烯-Se((a),(c)和(e))和石墨烯-S((b),(d)和(f))堆叠顺序下时光吸收系数的影响;(g)用于光诱导电流计算的双探针装置的示意图;计算的 MoS_2-WSe_2 dW 异质结的光电流密度与波长(h)、光子能量和偏振角(i)的函数关系

此外,光响应性(R_{ph})是衡量光学性能的另一个重要参数,它可以通过以下公式来评估。

$$R_{ph} = \frac{J_{ph}}{eF_{ph}} \tag{10.1}$$

其中 F_{ph} 指的是光子通量,定义为单位时间内单位面积上的光子数量[80],而

J_{ph} 是光诱导电流。采用照明下的双探针模型[见图 10.4(g)],光诱导电流 J_{ph} 可以得到:

$$J_{ph} = \frac{e}{\hbar} \int \frac{dE}{2\pi} \sum_{\alpha} T_{\alpha}(E) \qquad (10.2)$$

其中 α 和 $T_{\alpha}(E)$ 分别代表引出电极和有效传输系数。有效传输系数 $T_{\alpha}(E)$ 可以计算为:

$$T_{\alpha}(E) = \text{Tr}\{i\Gamma_{\alpha}[(1-f_{\alpha})G_{ph}^{<} + f_{\alpha}G_{ph}^{>}]\} \qquad (10.3)$$

其中,Γ_{α},f_{α} 和 $G_{ph}^{>|<}$ 表示线宽函数、费米函数和包括电子-光子相互作用的大/小格林函数[81-83]。在外部偏置电压(0.2V)和标准入射光功率密度 (1 kWm^{-2})下,已经发现具有合适的堆叠模式的 MoSS-WSe$_2$ 异质结构在广泛的光谱范围内表现出高光电流。如图 10.4(h)所示,在 442 nm 入射激光波长下,其最大值达到 0.017 A W^{-1},这与横向 InSe-InTe 异质结构(0.030 A W^{-1})[84]和垂直 MoS$_2$-WSe$_2$ 异质结(0.011 A W^{-1})[85]的光电流相当。此外,根据图 10.4(i)所示的不同偏振角 θ 的计算结果,该异质结构在 $\theta=0°$ 和 180°时显示出更高的光响应性。

此外,激子的不同特性使二维 Janus vdW 异质结构在光电和谷电设备方面具有广阔的前景。基于电子和光学结构,笔者发现,在 MoSS-WSe$_2$ 异质结构中,层内和层间激子之间存在激烈的竞争。由 Janus MoSSe 单层的内在偶极子引起的内置电场会对激子产生很大影响。在 S-Mo-Se-Se-W-Se 堆积结构的情况下,由于层间耦合较弱,层内激子在激子中起主导作用。而在 Se-Mo-Se-W-Se 堆积构型中,强大的层间耦合在价带边缘诱发了相干性取消,并最终导致明暗激发子的转变[86]。此外,由于有更好的电子屏蔽,MoSSe-C$_3$N$_4$ 和 MoSTe-C$_3$N$_4$ 异质结构分别具有比孤立的 MoSSe 和 MoSTe 单层更低的激子结合能,表明载流子更容易分离[87]。

10.4 Janus 异质结材料在光催化全解水领域的应用

由于能源需求的不断增加,寻找可再生能源是至关重要的。将清洁的太阳能转化为化学能被认为是最有前途的技术,它已经得到了跨学科的密集关注[59,88,89]。到目前为止,已经开发了许多光催化材料,如 TiO$_2$[90]、ZnO[91]、SrTiO$_3$[92]、g-C$_3$N$_4$[3],等等。不幸的是,单相半导体往往有几个缺点,包括低量子效率、高电荷重组和严重的化学反作用[12,13]。人们普遍认为,将不同材料和相关特性结合在一起的异质结构,是克服这些问题的可行方案[93,94]。因此,异质结构装置被开发出来以提高太阳能转换效率和化学活性[95,96]。由于光生电子-空穴对的良好分离,良好的光吸收能力,适当的带状排列和优秀的载流子迁移率,许多二维 Janus vdW 异质结已被设计用于光催化整体水分离应用,如 ZnO-MoSSe[42],ZnO-WSSe[42],GeC-WSSe[44],GeC-MoSSe[44],MoSSe-GaN[46,56],MoSSe-AlN[46,56],$GaS_{0.5}Se_{0.5}$-As[49]、MoSS-SiC[54]、WSS-SiC[54]、MoSS-WSSe[45]、MoSS-C_3N_4[87] 和 MoST-C_3N_4 异质结构[87]。

众所周知,垂直异质结中的Ⅱ型带排列有利于改善电荷的空间分离[99,100]。如图 10.5(a)所示,根据光生电荷的转移途径,这些 vdW 异质结构可主要分为两类:O 型系统和 Z 型系统[74]。O-scheme 系统可以节省光生载流子,让尽可能多的载流子参与氧化还原反应。然而,该系统中载体的氧化还原能力将被削弱,这对有效地进行光催化整体分水是不利的。相反,在 Z-模式系统中,各组分中光生载体的最高氧化还原能力可以被保留和利用。因此,用于还原和氧化的成分本身不一定适合于整体水分离。到目前为止,大量的努力已经被投入到这个领域[18,101−105]。基于二维 Janus vdW 异质结的 Z-scheme 系统也被设计用于光催化制氢。例如,在非绝热分子动力学计算的基础上,MoSSe-WSeTe 已被证实是一种潜在的直接 Z-scheme 光催化剂,用于 HER。通过调整光激发的载流子转移和界面上的重组之间的时间差,堆积结构以及表面的黄铜空位可以将电荷转移路径从 Z 型转向 O 型,如图 10.5(b)所示[97]。

除了带状排列外,由界面上电荷再分布引起的层间内置电场也通过调整载流子的空间分离影响光催化效率[18,74]。与普通的 vdW 异质结不同,在二维 Janus vdW 异质结构中,除了层间内置电场外,Janus 层中还存在层内极化,这可以进一步促进载流子在层间的空间分离,使不对称的载流子隧道通过所有层。因此,如图 10.5(d)所示,与经典的叠层过渡金属二氯化物[106]中的光电流随层数减少相反,在石墨烯-多层 MoSSe vdW 异质结构中产生的光电流几乎与厚度无关[98]。

10.5　结论和展望

综上所述,笔者在此回顾了近期二维 Janus vdW 异质结的从基本特性到潜在应用的研究结果。研究发现,由于独特的结构和复杂的层内-层间极化作用,这些异质结可以表现出新颖的物理化学特性,如可调控的带隙和带缘位置,宽的光吸附光谱,可控的接触电阻和足够的氧化还原电位。如图10.5所示,这些优秀的电子和光学特性使二维 Janus vdW 异质结构有望用于能源转换和电子器件。

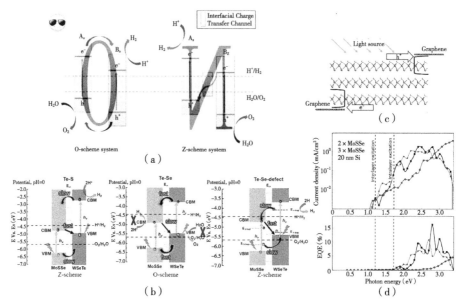

图 10.5 (a)O-scheme 体系(左)和 Z-scheme 体系(右)的示意图;(b)具有 T-S、T-Se 和 T-S-缺陷堆叠模式的 MoSS-WSeTe 垂直异质结构的电荷转移机制和带缘位置示意图;(c)用于计算传输的三层 Janus MoSSe 器件结构;(d)图(c)所示三层 MoSSe 结构的光电流密度(向上)和外部量子效率(向下),与两层器件和 20 nm 硅薄膜器件相比

即便如此,对二维 Janus vdW 异质结的研究仍处于初始阶段,有许多挑战和机遇。首先,这些研究大多来自理论模拟,有待于从实验中证实。为了验证理论模拟所预测的这些出色的性能,最优先考虑的是在现实中制造这种 vdW 异质结。为了实现这一目标,首先需要合成高质量的二维 Janus 材料。然而,到目前为止,由于合成条件苛刻(对温度和压力的严格要求),只有 Janus MoSSe 和 WSSe 单层被成功合成。特别是,用 CVD 方法制备的 Janus MoSSe 单层有明显的缺陷,这导致了弱的光致发光和裂纹的形成[26]。因此,人们迫切要求普及合成方法以制备新的 Janus 层材料,并开发方便用户的制造策略以提高样品质量。此外,如何将 Janus 层材料从基底上剥离并堆积在

其他二维材料上形成异质结构,以及如何将 Janus 层材料直接生长在所需的基底上,都是亟待解决的挑战。

另外,对二维 Janus vdW 异质结构多方面的深入了解对其实际应用至关重要。例如,一些重要的光催化特性,如激子结合能、太阳能-氢能(STH)转换效率和光激发载体驱动力[107-115],已经用最先进的理论计算技术对普通 vdW 异质结进行深入研究。然而,对于二维 Janus vdW 异质结构,仍然缺乏对这些特性的全面研究。此外,如上文所述,对界面接触和堆积进行了研究,但对层间电荷转移路径的准确描述是一个未解决的问题。一般来说,这种描述是基于层间内置电场的方向以及电荷转移和重组时间的差异[17,18,97]。对于二维 Janus vdW 异质结,层内电场方向切换(与层间电场方向反平行和平行)对电荷空间分布的影响可能是判断层间电荷转移路径的一个额外因素,这需要在未来进行大量工作来验证。此外,在光照条件下半导体在水溶液中的稳定性是实际光催化应用中的一个重要因素。尽管一些实验证明,vdW 异质结构可以稳定地进行光催化分解水反应,但到目前为止,既没有发现关于二维 Janus vdW 异质结运行稳定性的实验和理论研究。除此之外,自旋电子学、场效应晶体管、锂离子电池和光电应用方面的所有研究都是相当基础的(图 10.6),这为相关领域的研究人员提供了许多机会,但也带来了挑战。

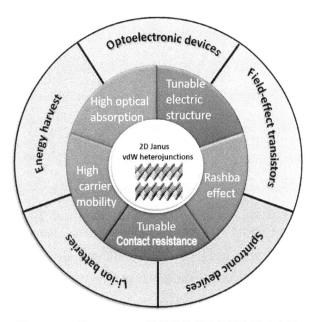

图 10.6 二维 Janus vdW 异质结的基本特性和潜在应用

参考文献

［1］NOVOSELOV K S,GEIM A K,MOROZOV S V,et al. Electric field effect in atomically thin carbon films［J］. Science, 2004, 306 (5696):666.

［2］SCHEDIN F,GEIM A K,MOROZOV S V,et al. Detection of individual gas molecules adsorbed on graphene［J］. Nature Materials,2007,6 (9):652.

［3］WANG X,MAEDA K,THOMAS A,et al. A metal-free polymeric photocatalyst for hydrogen production from water under visiblelight ［J］. Nature Materials. 2009,8(1):76.

［4］WANG X,MAEDA K,CHEN X,et al. Polymer semiconductors for artificial photosynthesis:hydrogen evolution by mesoporous graphitic carbon nitride with visiblelight［J］. Journal of the American Chemical Society,2009,131(5):1680.

［5］MAK K F,LEE C,HONE J,et al. Atomically thin MoS_2:A new direct-gap semiconductor［J］. Physical Review Letters, 2010, 105 (13):136805.

［6］RADISAVLJEVIC B,RADENOVIC A,BRIVIO J,et al. Single-layer MoS_2 transistors［J］. Nature Nanotechnology,2011,6(3):147.

［7］ZHANG M,WU Q,ZHANG F,et al. 2D Black Phosphorus Saturable Absorbers for Ultrafast Photonics［J］. Advanced Optical Materials, 2019,7(1):1800224.

［8］S. GUO,Y. ZHANG,Y. GE,et al. 2D V-V Binary Materials:Status and Challenges［J］. Advanced Materials,2019,31(39):1902352.

［9］JIANG X,KUKLIN A V,BAEV A,et al. Two-dimensional MXenes: from morphological to optical,electric,and magnetic properties and applications［J］. Physics Reports,2020,848:1.

［10］ZHANG Y,LIM C K,DAI Z,et al. Photonics and optoelectronics usingnano-structured hybrid perovskite media and their optical cavities

[J]. Physics Reports,2019,795:1.

[11] LOW J,YU J,JARONIEC M,et al. Heterojunction Photocatalysts[J]. Advanced Materials,2017,29(20):1601694.

[12] BOYJOO Y,SUN H,LIU J,et al. A review on photocatalysis for air treatment:From catalyst development to reactor design[J]. Chemical Engineering Journal,2017,310:537.

[13] ZHANG J,XIAO G,XIAO F X,et al. Revisiting one-dimensional TiO_2 based hybrid heterostructures for heterogeneous photocatalysis:a critical review[J]. Materials Chemistry Frontiers,2017,1(2):231.

[14] CHEN S,WANG L W. Thermodynamic Oxidation and Reduction Potentials of Photocatalytic Semiconductors in Aqueous Solution [J]. Chemistry of Materials,2012,24(18):3659.

[15] WU F, LIU Y, YU G, et al. Visible-Light-Absorption in Graphitic C_3N_4 Bilayer:Enhanced by Interlayer Coupling[J]. Journal of Physical Chemistry Letters,2012,3(22):3330.

[16] DU A,SANVITO S,LI Z. Hybrid graphene and graphitic carbon nitride nanocomposite: gap opening, electron-hole puddle, interfacial charge transfer,and enhanced visible light response,Journal of American Chemical Society,2012,134(9):4393.

[17] C,F,LUO,et al. Two-dimensional van der Waals nanocomposites as Z-scheme type photocatalysts for hydrogen production from overall water splitting[J]. Journal of Materials Chemistry A,2016,A4(48):18892.

[18] JU L,DAI Y,WEI W,et al. DFT investigation on two-dimensional GeS/WS_2 van der Waals heterostructure for direct Z-scheme photocatalytic overall water splitting [J]. Applied Surface Science, 2018, 434:365.

[19] YU W J,LI Z,ZHOU H,et al. Vertically stacked multi-heterostructures of layered materials for logic transistors and complementary inverters[J]. Nature Materials,2013,12(3):246.

[20] MORIYA R,YAMAGUCHI T,INOUE Y,et al. Large current modulation in exfoliated-graphene/MoS_2/metal vertical heterostructures[J].

Applied Physics Letters,2014,105(8):083119.

[21] WI S,KIM H,CHEN M,et al. Enhancement of Photovoltaic Response in Multilayer MoS₂ Induced by Plasma Doping[J]. ACS Nano,2014,8 (5):5270.

[22] YONGJI,GONG,JUNHAO,et al. Vertical and in-plane heterostructures from WS 2 /MoS 2 monolayers[J]. Nature Materials,2014,13 (12):1135.

[23] WITHERS F, POZO-ZAMUDIO O D, MISHCHENKO A, et al. Light-emitting diodes by band-structure engineering in van der Waals heterostructures[J]. Nature Materials,2015,14(3):301.

[24] ROY K,PADMANABHAN M,GOSWAMI S,et al. Graphene-MoS₂ hybrid structures for multifunctional photoresponsive memory devices [J]. Nature Nanotechnology,2013,8(11):826.

[25] BRITNELL L,RIBEIRO R M,ECKMANN A,et al. Strong light-matter interactions in heterostructures of atomically thin films. [J]. Science,2013,340(6138):1311.

[26] LIN Y C,LIU C,YU Y,et al. Low Energy Implantation into Transition Metal Dichalcogenide Monolayers to Form Janus Structures[J]. ACS Nano,14(4):3896.

[27] LU A,ZHU H,XIAO J,et al. Janus monolayers of transition metal dichalcogenides[J]. Nature Nanotechnology,2017,12(8):744.

[28] ZHANG J,JIA S,ISKANDAR K,et al. Janus Monolayer Transition Metal Dichalcogenides[J]. ACS Nano,2017,11(8):8192.

[29] RAY K,YORE A E,MOU T,et al. Photoresponse of Natural van der Waals Heterostructures[J]. ACS Nano,2017,11(6):6024.

[30] MOLINA-MENDOZA A J,GIOVANELLI E,PAZ W S,et al. Franckeite as a naturally occurring van der Waals heterostructure[J]. Nature Communications,2017,8:14409.

[31] MATĚJ VELICK,TOTH P S,RAKOWSKI A M,et al. Exfoliation of natural van der Waals heterostructures to a single unit cell thickness [J]. Nature Communications,2017,8:14410.

[32] ZHANG T,JIANG B,XU Z,et al. Twinned growth behaviour of two-dimensional materials[J]. Nature Communications,2016,7:13911.

[33] ALEMAYEHU,MATTI,B,et al. Designed Synthesis of van der Waals Heterostructures:The Power of Kinetic Control[J]. Angewandte Chemie,2015,54(51):15468.

[34] WANG S,WANG X,WARNER J H. All Chemical Vapor Deposition Growth of MoS_2:h-BN Vertical van der Waals Heterostructures[J]. ACS Nano,2015.

[35] JI X,KONG N,WANG J,et al. A Novel Top-Down Synthesis of Ultrathin 2D Boron Nanosheets for Multimodal Imaging-Guided Cancer Therapy[J]. Advanced Materials,2018,30(36):1803031.

[36] SONG Y,LIANG Z,JIANG X,et al. Few-layer antimonene decorated microfiber:ultra-short pulse generation and all-optical thresholding with enhanced long term stability [J]. 2D Materials, 2017, 4 (4):045010.

[37] GUO,SHI-HAO,WANG,et al. Sub-200 fs soliton mode-locked fiber laser based on bismuthene saturable absorber[J]. Optics express, 2018,26(18):22750.

[38] LI Z,QIAO H,GUO Z,et al. High-Performance Photo-Electrochemical Photodetector Based on Liquid-Exfoliated Few-Layered InSe Nanosheets with Enhanced Stability[J]. Advanced Functional Materials,2018,28(16):1705237.

[39] LI P,YAO C,YANG T,et al. Two-Dimensional $CH_3NH_3PbI_3$ Perovskite Nanosheets for Ultrafast Pulsed Fiber Lasers[J]. ACS Applied Materials & Interfaces,2017,9(14):12759.

[40] LIU Y,WEISS N O,DUAN X,et al. Van der Waals Heterostructures and Devices[J]. Nature Reviews Materials,2016,1(9):16042.

[41] LIANG Y,LI J,JIN H,et al. Photoexcitation Dynamics in Janus-$MoSSe/WSe_2$ Heterobilayers:Ab Initio Time-Domain Study[J]. Journal of Physical Chemistry Letters,2018,9(11):2797.

[42] IDREES M,DIN H U,REHMAN S U,et al. Electronic properties and

enhanced photocatalytic performance of van der Waals Heterostructures of ZnO and Janus transition metal dichalcogenides[J]. Physical Chemistry Chemical Physics,2020,22(18):10351.

[43] GUO W,GE X,SUN S,et al. The strain effect on the electronic properties of the MoSSe/WSSe van der Waals heterostructure:a first-principles study [J]. Physical Chemistry Chemical Physics, 2020, 22 (9):4946.

[44] DIN H U,IDREES M M,ALBAR A,et al. Rashba spin splitting and photocatalytic properties of GeC-MSSe(M = Mo,W)van der Waals heterostructures[J]. Physical Review B,2019,B100(16):165425.

[45] IDREES M,DIN H U,ALI R,et al. Optoelectronic and solar cell applications of Janus monolayers and their van der Waals heterostructures [J]. Physical Chemistry Chemical Physics,2019,21(34):18612.

[46] REN K,WANG S,LUO Y,et al. High-efficiency photocatalyst for water splitting:a Janus MoSSe/XN(X＝Ga,Al)van der Waals heterostructure [J]. Journal of Physics D:Applied Physics, 2020, 53 (18):185504.

[47] LI X,WANG X,HAO W,et al. Structural,electronic,and electromechanical properties of MoSSe/blue phosphorene heterobilayer[J]. AIP Advances,2019,9(11):115302.

[48] CHEN D,LEI X,WANG Y,et al. Tunable electronic structures in BP/MoSSe van der Waals heterostructures by external electric field and strain[J]. Applied Surface Science,2019,497:143809.

[49] PENG Q,GUO Z,BAISHENG S,et al. New gallium chalcogenides/arsenene van der Waals heterostructures promising for photocatalytic water splitting[J]. International Journal of Hydrogen Energy,2018,43 (33):15995.

[50] LIU Z H,YING L,CAO C,et al. First-principles study of electronic and sodium-ion transport properties of transition-metal dichalcogenides [J]. International Journal of Modern Physics B, 2018, B32 (20): 1850215.

[51] HU H,ZHANG Z,OUYANG G. Transition from Schottky-to-Ohmic contacts in 1T VSe$_2$-based van der Waals heterojunctions:Stacking and strain effects[J]. Applied Surface Science,2020,517:146168.

[52] LI X,ZHAI B,SONG X,et al. Two-dimensional Janus-In2STe/InSe heterostructure with direct gap and staggered band alignment[J]. Applied Surface Science,2020,509:145317.

[53] XU D,ZHAI B,GAO Q,et al. Interface-controlled band alignment transition and optical properties of Janus MoSSe/GaN vdW heterobilayers[J]. Journal of Physics D:Applied Physics,2020,53(5):055104.

[54] CAB ZHEN,KB E,YD C,et al. Janus XSSe/SiC(X=Mo,W)van der Waals heterostructures as promising water-splitting photocatalysts[J]. Physica E:Low-dimensional Systems and Nanostructures,2020,E123:114207.

[55] YU C,WANG Z. Strain Engineering and Electric Field Tunable Electronic Properties of Janus MoSSe/WX$_2$(X=S,Se)van der Waals Heterostructures[J]. physica status solidi(b):2019,B:1900261.

[56] YIN W,WEN B,GE Q,et al. Role of intrinsic dipole on photocatalytic water splitting for Janus MoSSe/nitrides heterostructure:A first-principles study[J]. Progress in Natural Science,2019,29(3):335.

[57] JI Y,YANG M,LIN H,et al. Janus Structures of Transition Metal Dichalcogenides as the Heterojunction Photocatalysts for Water Splitting[J]. Journal of Physical Chemistry C,2018,C122(5):3123.

[58] LEI H,WEI D. Janus Group-Ⅲ Chalcogenide Monolayers and Derivative Type-Ⅱ Heterojunctions as Water Splitting Photocatalysts with Strong Visible Light Absorbance[J]. The Journal of Physical Chemistry C,2018,C122(49):27795.

[59] JU L,BIE M,SHANG J,et al. Janus transition metal dichalcogenides:a superior platform for photocatalytic water splitting[J]. Journal of Physics:Materials,2020,3(2):022004.

[60] XIA C,XIONG W,DU J,et al. Universality of electronic characteristics and photocatalyst applications in the two-dimensional Janus transi-

tion metal dichalcogenides[J]. 2018,B98(16):165424.

[61] CHENG Y C,ZHU Z Y,TAHIR M,et al. Spin-orbit-induced spin splittings in polar transition metal dichalcogenide monolayers[J]. Epl, 2013,102(5):57001.

[62] LASHELL S,MCDOUGALL B A,JENSEN E. Spin Splitting of an Au (111)Surface State Band Observed with Angle Resolved Photoelectron Spectroscopy[J]. Physical Review Letters,1996,77(16):3419.

[63] AST C R,HENK J,ERNST A,et al. Giant Spin Splitting through Surface Alloying[J]. Physical Review Letters,2007,98(18):186807.

[64] GiantRashba-type spin splitting in bulk BiTeI[J]. Nature Materials, 2011,10(7):521.

[65] ZHOU W,CHEN J,YANG Z,et al. Geometry and electronic structure of monolayer, bilayer, and multilayer Janus WSSe[J]. Physical Review. B: Condensed Matter And Materals Physics, 2019, B99 (7):075160.

[66] LI F,WEI W,HAO W,et al. Intrinsic Electric Field-Induced Properties in Janus MoSSe van der Waals Structures[J]. The Journal of Physical Chemistry Letters,2019,10(3):559.

[67] YU C,CHENG X,WANG C,et al. Tuning the n-type contact of graphene on Janus MoSSe monolayer by strain and electric field[J]. Physica E:Low-dimensional Systems and Nanostructures,2019,110:148.

[68] VU T,HIEU N N,PHUC H V,et al. Graphene/WSeTe van der Waals heterostructure:Controllable electronic properties and Schottky barrier via interlayer coupling and electric field[J]. Applied Surface Science, 2020,507:145036.

[69] YUANYUAN,WANG,WEI,et al. Functionalized MXenes as ideal e-lectrodes for Janus MoSSe[J]. Physical Chemistry Chemical Physics, 2018,21(1):70.

[70] JING T, LIANG D, HAO J, et al. Interface Schottky Barrier in Hf_2NT_2/MSSe(T = F, O, OH; M = Mo, W) Heterostructures [J]. Physical Chemistry Chemical Physics,2019,21(10):5394.

[71] ZHAO N,SCHWINGENSCHLGL U. Transition from Schottky to Ohmic contacts in Janus MoSSe/germanene heterostructures [J]. Nanoscale,2020,12(21):11448.

[72] CAO L,ANG Y S,WU Q,et al. Janus PtSSe and graphene heterostructure with tunable Schottky barrier[J]. Applied Physics Letters, 2019,115(24):241601.

[73] Tunable interlayer coupling and Schottky barrier in graphene and Janus MoSSe heterostructures by applying an external field[J]. Physical Chemistry Chemical Physics,2018,20(37):24109.

[74] JU L,LIU C,SHI L,et al. The high-speed channel made of metal for interfacial charge transfer in Z-scheme g-C_3N_4/MoS_2 water-splitting photocatalyst[J]. Materials Research Express,2019,6(11):115545.

[75] DENG S,LI L,REES P. Graphene/MoXY Heterostructures Adjusted by Interlayer Distance,External Electric Field,and Strain for Tunable Devices[J]. ACS Applied Nano Materials,2019,2(6):3977.

[76] JIANG Y,MIAO L,JIANG G,et al. Broadband and enhanced nonlinear optical response of MoS_2/graphene nanocomposites for ultrafast photonics applications[J]. Scientific Reports,2015,5:16372.

[77] ZONGYU,HUANG,WEIJIA,et al. Photoelectrochemical-type sunlight photodetector based on MoS_2/graphene heterostructure[J]. 2D Materials,2015,2(3):035011.

[78] LIU S,ZHONGJUN L I,YANQI G E,et al. Graphene/phosphorene nano-heterojunction:facile synthesis,nonlinear optics,and ultrafast photonics applications with enhanced performance[J]. Photonics Research,2017,5(6):662.

[79] CUI Z,BAI K,DING Y,et al. Electronic and optical properties of janus MoSSe and ZnO vdWs heterostructures[J]. Superlattices and Microstructures,2020,140:106445.

[80] WANG F,WANG Z,XU K,et al. Tunable GaTe-MoS_2 van der Waals p-n Junctions with Novel Optoelectronic Performance[J]. Nano Letters,2015,15(11):7558.

[81] CHEN,JINGZHE,HU,et al. First-principles analysis of photocurrent in graphene PN junctions[J]. Physical Review B:Condensed Matter and Materials Physics,2012,85(15):155441.

[82] HENRICKSON, LINDOR E. Nonequilibrium photocurrent modeling in resonant tunneling photodetectors[J]. Journal of Applied Physics, 2002,91(10):6273.

[83] JU L,DAI Y,WEI W,et al. Potential of one-dimensional blue phosphorene nanotubes as a water splitting photocatalyst[J]. Journal of Materials Chemistry A,2018,6(42):21087.

[84] YU,YUNJIN,WANG,et al. Electronics and optoelectronics of lateral heterostructures within monolayer indium monochalcogenides [J]. Journal of Materials Chemistry C,2016,4(47):11253.

[85] FURCHI M M,POSPISCHIL A,LIBISCH F,et al. Photovoltaic effect in an electrically tunable van der Waals heterojunction[J]. Nano Letters,2014,14(8):4785.

[86] LONG,CHEN,GONG,et al. Observation of intrinsic dark exciton in Janus-MoSSe heterosturcture induced by intrinsic electric field[J]. Journal of Physics:Condensed Matter,2018,30(39):395001.

[87] ARRA S,BABAR R,KABIR M. van der Waals heterostructure for photocatalysis:Graphitic carbon nitride and Janus transition-metal dichalcogenides[J]. Physical Review Materials,2019,3(9):095402.

[88] JU L,SHANG J,TANG X,et al. Tunable Photocatalytic Water Splitting by the Ferroelectric Switch in a 2D $AgBiP_2Se_6$ Monolayer[J]. Journal of the American Chemical Society,2020,142(3):1492.

[89] JU L,BIE M,TANG X,et al. Janus WSSe Monolayer:Excellent Photocatalyst for Overall Water-splitting[J]. ACS Applied Materials & Interfaces,2020,12(26):29335.

[90] A,FUJISHIMA,K,et al. Electrochemical photolysis of water at a semiconductor electrode[J]. Nature,1972,238:37.

[91] PARK T Y,CHOI Y S,KIM S M,et al. Electroluminescence emission from light-emitting diode of p-ZnO/(InGaN/GaN)multiquantum well/

n-GaN[J]. Applied Physics Letters,2011,98(25):251111.

[92] CARDONA M. Optical Properties and Band Structure of SrTiO$_3$ and BaTiO$_3$[J]. Physical Review,1965,140(2A):A651.

[93] TAHEREH J,EHSAN M,ALIREZA A,et al. Photocatalytic Water Splitting—The Untamed Dream:A Review of Recent Advances[J]. Molecules,2016,21(7):900.

[94] MAEDA K,DOMEN K. Photocatalytic Water Splitting:Recent Progress and Future Challenges[J]. Journal of Physical Chemistry Letters,2010,1(18):2655.

[95] LIU E,JIN C,XU C,et al. Facile strategy to fabricate Ni$_2$P/g-C$_3$N$_4$ heterojunction with excellent photocatalytic hydrogen evolution activity [J]. International Journal of Hydrogen Energy,2018,43(46):21355.

[96] LIU E,CHEN J,MA Y,et al. Fabrication of 2D SnS$_2$/g-C$_3$N$_4$ heterojunction with enhanced H$_2$ evolution during photocatalytic water splitting[J]. Journal of Colloid and Interface Science,2018,524:313.

[97] ZHOU Z,NIU X,ZHANG Y,et al. Janus MoSSe/WSeTe heterostructures:a direct Z-scheme photocatalyst for hydrogen evolution[J]. Journal of Materials Chemistry A,2019,7(38):21835.

[98] MATTIAS,PALSGAARD,TUE,et al. Stacked Janus Device Concepts:Abrupt pn-Junctions and Cross-Plane Channels[J]. Nano Letters,2018,18(11):7275.

[99] SONG,BAI,JUN,et al. Steering charge kinetics in photocatalysis:intersection of materials syntheses,characterization techniques and theoretical simulations[J]. Chemical Society Reviews,2015,44(10):2893.

[100] ZHOU P,AND J Y,JARONIEC M. All-Solid-State Z-Scheme Photocatalytic Systems[J]. Advanced Materials,2014,26(29):4920.

[101] MAEDA K,HIGASHI M,LU D,et al. Efficient nonsacrificial water splitting through two-step photoexcitation by visible light using a modified oxynitride as a hydrogen evolution photocatalyst[J]. ChemInform,2010,132(16):5858.

[102] MARTIN D J,REARDON P J T,MONIZ S J A,et al. Visible Light-

Driven Pure Water Splitting by a Nature-Inspired Organic Semiconductor-Based System[J]. Journal of the American Chemical Society, 2014,6(36):12568.

[103] TADA H,MITSUI T,KIYONAGA T. All-solid-state Z-scherme in CdS-Au-TiO$_2$ three-component nanojunction system[J]. Nature Materials,2006,5(10):782.

[104] IWASE A,YUN H N,ISHIGURO Y,et al. Reduced Graphene Oxide as a Solid-State Electron Mediator in Z-Scheme Photocatalytic Water Splitting under Visible Light[J]. Journal of the American Chemical Society,2011,133(29):11054.

[105] LOW J,JIANG C,CHENG B,et al. A Review of Direct Z-Scheme Photocatalysts[J]. Small Methods,2017,1(5):1700080.

[106] YU W J,VU Q A,OH H,et al. Unusually efficient photocurrent extraction in monolayer van der Waals heterostructure by tunnelling through discretized barriers [J]. Nature Communications, 2016, 7:13278.

[107] DENG S,LI L,GUY O J,et al. Enhanced thermoelectric performance of monolayer MoSSe,bilayer MoSSe and graphene/MoSSe heterogeneous nanoribbons[J]. Physical Chemistry Chemical Physics,2019,21(33):18161.

[108] SHZ A,JING Z A,ZZR A,et al. First-principles study of MoSSe-graphene heterostructures as anode for Li-ion batteries[J]. Chemical Physics,2020,529:110583.

[109] LIU X,GAO P,HU W,et al. Photogenerated-Carrier Separation and Transfer in Two-Dimensional Janus Transition Metal Dichalcogenides and Graphene van der Waals Sandwich Heterojunction Photovoltaic Cells[J]. Journal of Physical Chemistry Letters,2020,11(10):4070.

[110] LI F, WEI W,ZHAO P,et al. Electronic and Optical Properties of Pristine and Vertical and Lateral Heterostructures of Janus MoSSe and WSSe [J]. Journal of Physical Chemistry Letters, 2017, 8(23):5959.

[111] CAVALCANTE L,GJERDING M N,CHAVES A,et al. Enhancing and Controlling Plasmons in Janus MoSSe-Graphene Based Van Der Waals Heterostructures[J]. The Journal of Physical Chemistry C,123 (26):16373.

[112] STEPHENSON T,ZHI L,OLSEN B,et al. Lithium ion battery applications of molybdenum disulfide(MoS_2) nanocomposites[J]. Energy & Environmental Science,2014,7(1):209.

[113] SHANG C,LEI X,HOU B,et al. Theoretical Prediction of Janus MoSSe as a Potential Anode Material for Lithium-Ion Batteries[J]. The Journal of Physical Chemistry C,122(42):23899.

[114] YANG H,MA Y,ZHANG S,et al. GeSe@SnS:stacked Janus structures for overall water splitting[J]. Journal of Materials Chemistry A,2018,122(42):23899.

[115] FAN Y,WANG J,ZHAO M. Spontaneous full photocatalytic water splitting on 2D $MoSe_2/SnSe_2$ and $WSe_2/SnSe_2$ vdW heterostructures [J]. Nanoscale,2019,11(31):14836.

[116] JU L,BIE M,ZHANG X,et al. Two-dimensional Janus van der Waals heterojunctions:A review of recent research progresses[J]. Frontiers of Physics,2021,16(1):13201.

第十一章 二维铁电材料 $AgBiP_2Se_6$ 单层光解水催化性质的探索

概述

光催化分解水技术是解决能源危机、提供可再生清洁能源的一项有前景的技术。近年来,尽管有大量的 2D 材料被提出可作为光催化的候选材料,但有效调节光催化反应和转换效率的方法仍然缺乏。在此,基于第一性原理计算,在 $AgBiP_2Se_6$ 单层膜中,笔者发现铁电-顺电相变可以很好地调节该材料的光催化活性和能量转换效率。具体来说,铁电相 $AgBiP_2Se_6$ 单层膜的光生空穴有较高的氧化电位和水氧化反应的驱动力,而顺电相的该材料的光生电子则具有较高的还原电位和氢还原反应驱动力。此外,太阳能-氢气能量转换效率也可随相变而被调节。由于载流子利用率较高,铁电相 $AgBiP_2Se_6$ 单层膜的载流子利用率可达 10.04%,而顺电相 $AgBiP_2Se_6$ 单层膜的载流子利用率只有 6.66%。而且,顺电相 $AgBiP_2Se_6$ 单层膜中的激子结合能总是小于在铁电相 $AgBiP_2Se_6$ 单层膜中的激子结合能,这说明铁电-顺电相变也可以对光激发的载流子分离进行定向调节。笔者的研究结果不仅揭示了铁电-顺电相变对光解水催化性能的重要性,而且为改善二维铁电材料的光催化性能开辟了一条新途径。

11.1 研究背景

近年来,由于能源危机和环境污染的不断加剧,光催化作为一种解决这些问题的潜在技术,引起了人们的广泛关注。利用光催化剂,有机污染物可以降解成 H_2O 和 $CO^{[1]}$,而 H_2O 可以通过氧化还原反应进一步分解成 H_2 和 O_2,这是一种将太阳能转化为化学能的"绿色"途径[2-3]。自从"本多-藤岛效应"

被发现以来[4],许多三维(3D)半导体被发现可以作为分解水的光催化剂。但是,许多传统的 3D 光催化剂都有很宽的带隙,这将导致对太阳光的利用率低[5-7],此外,由于它们的载流子迁移率低、迁移距离长,往往导致光激发电子和空穴的复合率高,从而大大降低了其光催化能力[8]。

与传统的三维材料相比,二维(2D)材料在光催化应用方面有几个优势。它们通常具有较大的比表面积,这将提供大量的潜在反应位点。另外,依赖于层厚度和应变的可调节电子结构有助于光吸收。更重要的是,超薄特性和短迁移距离会避免光生载流子的复合。因此,二维材料通常具有较高的光催化性能。到目前为止,大量的 2D 光催化材料已经被实验研究或理论研究证实,如石墨相氮化碳、磷烯、Ⅲ-Ⅵ化合物、Ⅳ-Ⅵ化合物、Ⅳ-Ⅳ化合物和过渡金属二硫族化合物(TMDs)[9-24]。除了寻找新的二维光催化剂材料外,对现有二维光催化剂材料的电子和光学性能进行调节,以提高其光利用率是光催化领域的另一研究热点。目前,可行的调节方法包括掺杂/吸附杂原子[13,21,25-29]、施加拉伸应变[18,30-32]和设计异质结[14-16,20,22,33-34]。

有趣的是,因为最近证明了铁电极化可以影响二维铁电材料的电子性质,所以极化也可以显著影响其光催化活性和分解水效率[35-39]。例如,最近出现的 2D M$_2$X$_3$(M=Al,Ga,In;X=S,Se,Te)族和 Janus 过渡金属二卤族化合物,两个表面的真空能级电势差导致的本征极化可以提升氧化还原电位,使其满足整体分解水的氧化还原电势要求。该本征极化还可促进光生载流子的空间分离。此外,根据 Yang 等提出的反应机理[40],在极性材料中,固有偶极子有助于突破对全解水带隙(1.23 eV)的限制,这意味着窄带隙的极性半导体也有机会与水分解的氧化还原电势相匹配,使利用可见光甚至红外光进行光催化分解水成为可能。所以,提高太阳能-氢能的转换效率主要来自于固有自发极化的调节。然而,目前铁电-顺电相变在光催化分解水中的作用还不清楚。为了解决这个问题,笔者研究了铁电-顺电相变对二维铁电材料 ABP$_2$X$_6$ 的光催化分解水性质的影响,并提出通过铁电-顺电相变优化光催化性能。值得指出的是,铁电相和顺电相的这类材料都已经被合成出来[41-42]。因此,笔者的理论结果可以通过直接的实验测量来验证。

在本研究中,AgBiP$_2$Se$_6$ 单层膜因其适当的带隙、高效的光利用率和合适的氧化还原电位而被选择用于光催化研究。基于密度泛函理论,结合 GoW$_0$-BSE,笔者系统研究并比较了 AgBiP$_2$Se$_6$ 单层膜在铁电相和顺电相下的电子性质和光催化分解水的性能。结果表明,该单层膜具有足够的氧化还原能力,

可将水分解为 H_2 和 O_2。铁电相 $AgBiP_2Se_6$ 单层膜是一种高性能的水氧化光催化剂,而顺电相更适合氢还原反应。值得注意的是,铁电-顺电相变可以调节氧化还原能力和激子结合能。笔者的工作表明,铁电-顺电相变是一种改善二维铁电材料光催化剂性能的新途径。

11.2　计算方法

笔者选择 VASP 软件包执行 DFT 计算[43-44]。笔者选择 PAW 和 GGA 来描述价电子与原子核之间的相互作用[45-47]。使用 HSE06[48] 混合泛函评估电子结构,以避免 PBE 泛函在计算过程中出现的低估带隙值的问题。在垂直方向上,笔者添加了 20 Å 真空层。笔者采用 PBE+D2[49] 方法描述层间的远程范德华相互作用。对于不对称层的构型,笔者考虑了偶极子校正。截止能量为 500 eV。对于二维布里渊区域,选择了 $5 \times 5 \times 1$ Monkhorst-Pack K 点进行采样。笔者对模型进行几何结构弛豫,直到残余力和能量差分别小于 0.02 eV/Å 和 10^{-5} eV。在计算氢还原和水氧化反应的吉布斯自由能时,笔者考虑了溶剂效应利用,使用的是 VASPsol 中的隐式水溶剂模型[50-51]。

11.3　研究结果与讨论

为了全面了解铁电-顺电相变对光催化分解水性能的影响,笔者研究并比较了在不同相下,光生载流子的电子性能、光吸收、带边位置、吸附水分子能力和载流子氧化还原反应驱动力的详细差异。

11.3.1　几何结构、电子结构和光吸收

在讨论 $AgBiP_2Se_6$ 的光催化性能之前,笔者首先比较其在铁电相和顺电相对应的几何结构、电子结构和光吸收的差异,以此作为探索不同相下,该材料光催化行为差异的基础。单层 $AgBiP_2Se_6$ 是由一个三角形的 P-P 和硫族化合物框架组成,八面体位置由 Ag 和 Bi 原子填充。如图 11.1(a)所示,Ag

和 Bi 原子都位于顺电相的中间平面,而在铁电相中,Ag$^+$ 沿 Z 方向偏离中心,且位移比 Bi^{3+} 大得多,因此在垂直于单层的方向上产生了 0.28 D 的自发极化。从计算的总能量来看,铁电相 AgBiP$_2$Se$_6$ 单层膜的比顺电相 AgBiP$_2$Se$_6$ 单层膜能量低 33 meV,这与 CuInP$_2$S$_6$ 单层的结果一致[41]。这也意味着从顺电相到铁电相的转变相对容易实现。由于结构不对称的存在,晶格常数也略有不同,如表 11.1 所示,顺电相的晶格常数为 6.714 Å,铁电相的晶格常数为 6.696 Å。这些结果与之前报道的结果是一致的(AgBiP$_2$Se$_6$ 顺电相的晶格常数为 6.69 Å)[52]。

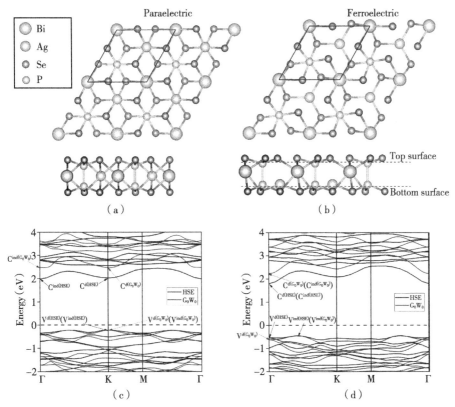

图 11.1 (a)和(b)分别是顺电相和铁电相 AgBiP$_2$Se$_6$ 单层膜的晶体结构;(c)和(d)分别为顺电相和铁电相,是 AgBiP$_2$Se$_6$ 单层的能带结构(黑线基于 HSE06 杂化泛函和灰线基于 G$_0$W$_0$ 方法);费米能级被设置为 0 eV

两相的结构差异将导致电子结构和光吸收的不同。基于 HSE06 方法,笔者计算了顺电相和铁电相 AgBiP$_2$Se$_6$ 单层膜的能带结构。由于铋原子是重原子,基于 HSE06 泛函,笔者检验了自旋-轨道耦合(SOC)对能带结构的影响。SOC 对铁电相和顺电相 $AgBiP_2Se_6$ 的间接带隙的影响分别为 0.14 eV 和 0.18 eV，相对于它们自身的间接带隙，影响较小。考虑到计算成本巨大，笔者在后续计算中不再采用 SOC 校正。如图 11.1(c)和(d)所示，除了带隙的值和带边态的位置外，铁电相和顺电相的能带结构表现出相似的特征。具体来说，顺电相和铁电相 $AgBiP_2Se_6$ 单层膜的都是具有间接带隙的半导体，顺电相 $AgBiP_2Se_6$ 单层膜的 CBM 和 VBM 分别位于 Γ 点和 K 点，而铁电相 $AgBiP_2Se_6$ 单层膜中的它们分别位于 Γ 点和 Γ-K 路径上，此外，如图 11.2 所示，对于这两个相的 $AgBiP_2Se_6$ 单层膜，CBM 都主要由 Se 和 Bi 原子的 p 轨道贡献，同时，VBM 主要由 Ag 的 d 电子和 Se 的 p 电子的杂化轨道所构成。基于 HSE06 方法，铁电相 $AgBiP_2Se_6$ 单层膜的间接带隙为 2.25 eV，与之前报道的结果（顺电相 $AgBiP_2Se_6$ 单层膜为 2.31 eV[52,54]）一致。相比之下，顺电相 $AgBiP_2Se_6$ 的带隙值降低到 2.20 eV。笔者还计算了 $CuBiP_2Se_6$、$CuInP_2S_6$ 和 $AgBiP_2S_6$ 单层膜的电子性质，结果表明，铁电相的带隙普遍大于顺电相。在 $CuCrP_2S_6$、$CuCrP_2Se_6$、$CuVP_2S_6$ 和 $CuVP_2Se_6$ 中也观察到带隙伴随着铁电-顺电相变而减少[42]。此外，这两个相的 $AgBiP_2Se_6$ 单层膜的带隙均大于 1.23 eV，满足了水分解的基本要求（间隙值大于 H^+/H_2 和 H_2O/O_2 的氧化还原电位之差，1.23 eV）。

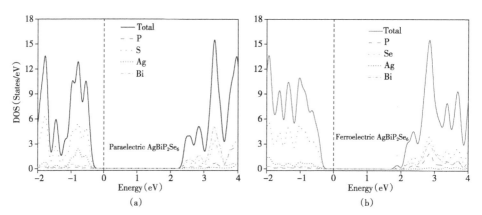

图 11.2 基于 HSE06 函数计算的顺电和铁电 $AgBiP_2Se_6$ 单分子层的 TDOS 和 PDOS，费米能级设为 0 eV

笔者用 G_0W_0 方法更加精确地计算了 $AgBiP_2Se_6$ 单层膜的能带结构。从图 11.1(c)和(d)可以看出，顺电相 $AgBiP_2Se_6$ 单层膜的间接带隙为 2.68 eV，铁电相间接带隙为 2.70 eV。值得注意的是，铁电相 $AgBiP_2Se_6$ 单层膜的直接带隙和间接带隙的能量差(80 meV)大于室温下的热能($KT \approx 30$ meV)[17]，可以有效防止光生载流子的结合。在 Γ 点处，VBM 电位高于最高的价带电位，激发态电子可以在 Γ 点处从价带跃迁到导带，然后空穴从 Γ 点移动到 VBM，实现了光生载流子的分离。

作为一种有效的光催化剂，其光吸收系数应较强，从而能产生较多的光激发电子-空穴对。本文用 G_0W_0-BSE 方法研究了光吸收 $\alpha(\omega)$ 和介电函数的虚部(ε_2)。结果显示在图 11.3 和图 11.4 中。吸收率的计算公式如下[17,55]：

$$a(\omega) = \sqrt{2}\,\omega\left(\sqrt{\varepsilon_1(\omega)^2 + \varepsilon_2(\omega)^2} - \varepsilon_1(\omega)\right)^{\frac{1}{2}} \qquad (11.1)$$

吸收光谱显示，在可见光区域，$AgBiP_2Se_6$ 单层膜具有明显的吸收峰，表明它是一种潜在的具有可见光响应的光催化剂。研究还发现，铁电相 $AgBiP_2Se_6$ 单层膜在绿光到红光范围内的光吸收虽然受到一定程度的抑制，但在紫外光区域的光吸收比在顺电相明显增加。结果表明，光吸收也可以通过铁电-顺电相变进行调制。

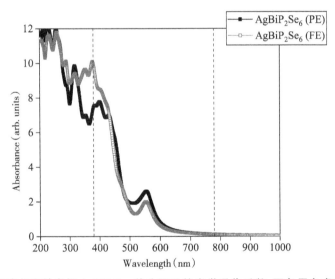

图 11.3 顺电相和铁电相 $AgBiP_2Se_6$ 单分子层的光学吸收系数；两条黑色虚线之间表示可见光范围为 380～780 nm

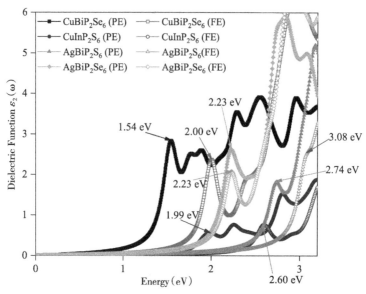

图 11.4 顺电、铁电 $AgBiP_2Se_6$、$AgBiP_2S_6$、$CuBiP_2Se_6$ 和 $CuInP_2S_6$ 单分子层基于 G_0W_0 — BSE 水平介电函数的图像部分 ε_2;箭头表示光吸收峰

表 11.1 经过优化的晶格常数(a)、基于 HSE06 杂化泛函和 G_0W_0 方法得到的带隙(直接和间接)、光学带隙(E_{opt})、激子结合能(E_b)、偶极矩(μ)和铁电相和顺电相 $AgBiP_2Se_6$ 单层膜的上下表面静电电位差(ΔV)

	a (Å)	$E_g^{ind(HSE)}$ (eV)	$E_g^{d(HSE)}$ (eV)	$E_g^{ind(GW)}$ (eV)	$E_g^{d(GW)}$ (eV)	E_{opt} (eV)	E_b (eV)	μ (Debye)	ΔV (eV)
$AgBiP_2Se_6$ (PE)	6.714	2.20	2.25	2.68	2.70	2.23	0.47	0	0
$AgBiP_2Se_6$ (FE)	6.696	2.25	2.33	2.70	2.86	2.23	0.63	0.28	0.27

激子的结合能是分离光激发载流子的重要因素,小的激子结合能有利于光生载流子的分离。激子的结合能(E_b)的定义为:

$$E_b = E_q - E_{opt} \tag{11.2}$$

式中 E_q 为基于 GW 方法得到的准粒子带隙(对应 $E_g^{d(GW)}$),E_{opt} 为光吸收初始峰所对应的能量。激子结合能如表 11.1 所示,基本遵循 $E_b \approx E_q/4$ 的规律[56-57]。从表 11.1 的结果可以看出,铁电相 $AgBiP_2Se_6$ 单层膜的激子结合能比顺电相大。为了证实上述规律,笔者还计算了 $AgBiP_2Se_6$、$CuBiP_2Se_6$ 和

CuInP$_2$S$_6$ 的单层激子结合能,如表 11.2 所示,这三种情况都符合这一规律,说明铁电-顺电相变确实是调节 ABP$_2$X$_6$(A＝Ag,Cu;B＝Bi,In;X＝S,Se)的激子结合能的一种普遍有效的方式。

表 11.2　使用 G$_0$W$_0$ 方法计算的,顺电相和铁电相的 AgBiP$_2$S$_6$,CuInP$_2$S$_6$ 和 CuBiP$_2$Se$_6$ 单层膜直接带隙($E_g^{d(GW)}$),光学带隙(E_{opt})和激子结合能(E_b)

	$E_g^{d(GW)}$(eV)	E_{opt}(eV)	E_b(eV)
CuBiP$_2$Se$_6$(PE)	2.10	1.54	0.56
CuBiP$_2$Se$_6$(FE)	2.61	2.00	0.61
CuInP$_2$S$_6$(PE)	2.58	1.99	0.59
CuInP$_2$S$_6$(FE)	3.26	2.60	0.66
AgBiP$_2$S$_6$(PE)	3.26	2.74	0.52
AgBiP$_2$S$_6$(FE)	3.77	3.08	0.69

11.3.2　能带排列

由于在几何结构上打破了镜像对称,铁电相 AgBiP$_2$Se$_6$ 单层膜存在一个固有的偶极矩,它产生了一个垂直于该层的内建电场。该内建电场的方向是从下表面指向上表面,静电电位差为 0.27 eV[图 11.5(b)]。为了进一步探究载流子的空间分布,笔者对铁电相和顺电相 AgBiP$_2$Se$_6$ 单层膜的 CBM 和 VBM 部分电荷密度进行了研究,分别如图 11.5(c)和(d)所示。对于顺电相,VBM 和 CBM 均匀地分布在两个表面上,因此,OER 和 HER 在两个表面上的反应活性是相同的;铁电相时,VBM 主要分布在上表面,CBM 主要分布在下表面,在内建电场的作用下,光生电子倾向于分布在底面,而空穴倾向于分布在顶面,因此,HER 可能主要发生在底表面,而 OER 则发生在顶表面,这将有效地减少光生载流子的复合,提高光催化效率。

对于一个全解水光催化剂,CBM 的电位应高于氢的还原电位(pH＝0 时为 −4.44 eV),而 VBM 的电位应低于氧的氧化电位(pH＝0 时为 −5.67 eV)。如图 11.5 所示,对于顺电相和铁电相的 AgBiP$_2$Se$_6$ 单层膜,VBM 和 CBM 分别超过了 H$_2$O/O$_2$ 的标准氧化电位和 H$^+$/H$_2$ 的标准还原电位,表明它们分别对 OER 和 HER 都有足够的活性。根据先前的研究[34,58]，笔者将光生电子在氢还原反应中的额外电位(U_e)定义为氢还原电位与 CBM 之间的能量差，而光生空穴水氧化额外电位(U_h)则用氢还原电位与 VBM 之间的能量差来计算。还原电位(E_{H^+/H_2}^{red})根据：

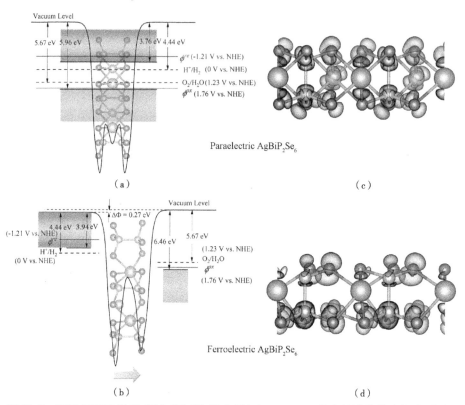

Paraelectric AgBiP$_2$Se$_6$

（a）

（c）

Ferroelectric AgBiP$_2$Se$_6$

（b）

（d）

图 11.5　基于 HSE06 泛函，顺电相(a)和铁电相(b)AgBiP$_2$Se$_6$ 单分子膜的带边位置；条带代表 CBM 和 VBM 的位置；虚线表示 pH＝0 时水分解的氧化还原电位；实线代表热力学氧化势(Φ^{ox})和热力学还原势(Φ^{re})；箭头表示本征偶极子的方向

$$E_{H^+/H_2}^{red} = -4.44 + pH \times 0.059 (eV) \qquad (11.3)$$

随 pH 值的变化而变化。pH＝0 时，顺电相 AgBiP$_2$Se$_6$ 单层膜的 U_e 为 0.68 eV，U_h 为 1.52 eV。在铁电相 AgBiP$_2$Se$_6$ 的底面，U_e 为 0.50 eV。根据 Yang 理论[59]，在铁电相 AgBiP$_2$Se$_6$ 的顶表面，还原电位(E_{H^+/H_2-top}^{red})随静电电位差($\Delta\Phi$)的增大而增大：

$$E_{H^+/H_2-top}^{red} = E_{H^+/H_2}^{red} + \Delta\Phi \qquad (11.4)$$

因此，铁电相 AgBiP$_2$Se$_6$ 的 U_h 为 2.29 eV。根据公式 11.3 所示，在中性环境

(pH=7)下，顺电相 AgBiP$_2$Se$_6$ 的 U_e，U_h 分别为 0.27 eV 和 1.93 eV。而铁电相 AgBiP$_2$Se$_6$ 的上表面 U_e 是 0.09 eV，下表面的 U_h 是 2.70 eV。正的 U_e 和 U_h 表明顺电相和铁电相的 AgBiP$_2$Se$_6$ 单层膜在中性环境中都具有光催化分解水的活性。为了实际应用，笔者还评估了光照下光催化剂在水溶液中的稳定性。根据 Chen 等提出的方法[60]，笔者分别计算顺电相和铁电相的 AgBiP$_2$Se$_6$ 单层膜的热力学氧化势（Φ^{ox}）和还原势（Φ^{re}）。如图 11.5(a) 和 (b) 所示，顺电相和铁电相的 AgBiP$_2$Se$_6$ 单层膜的 Φ^{ox} 值都低于 O$_2$/H$_2$O 的氧化电位，而 Φ^{re} 都高于还原剂 H$^+$/H$_2$ 的还原电位，这表明光生成的载流子更倾向与水分子反应，而不是与光催化剂本身反应[60]。因此，顺电相和铁电相的 AgBiP$_2$Se$_6$ 单层膜都具有良好的抗光诱导腐蚀性能。值得注意的是，顺电相 AgBiP$_2$Se$_6$ 单层膜具有更强的还原性，而铁电相 AgBiP$_2$Se$_6$ 单层膜具有更高的氧化性，这表明铁电-顺电相变可以调节铁电催化剂的氧化还原能力。

11.3.3　能量转换效率

　　然后，笔者对 AgBiP$_2$Se$_6$ 单层膜光催化分解水的能量转换效率进行了评估。为了表征催化反应的效率[61]，表 11.3 列出了光吸收率（η_{abs}）、载流子利用率（η_{cu}）、太阳能-氢能转化效率 STH（η_{STH}）和矫正后的 STH（η'_{STH}）的能量转换效率。虽然顺电相的光吸收效率 η_{abs}（26.04%）略高于铁电相的光吸附效率（23.12%）。但是，在内建电场作用下，铁电相中的电子-空穴分离要明显高于顺电相的电子-空穴分离，使得铁电相的载流子利用效率 η_{abs}（44.4%）要比顺电相的载流子利用率（25.59%）高得多。因此铁电相的 STH 效率（10.27%）比顺电相的 STH 效率（6.66%）要高。基于此，笔者可以看出，通过铁电-顺电相变可以有效地调节能量转换效率。在考虑了极化对总体能量的作用后，铁电相 AgBiP$_2$Se$_6$ 单层膜的修正 STH 效率仍可达到 10.04%，是笔者考虑的 ABP$_2$X$_6$（A＝Ag，Cu；B＝Bi，In；X＝S，Se）族中转化效率最高的的材料（如表 11.3 所示）。

表 11.3 铁电相和顺电相 $AgBiP_2Se_6$ 的光吸收的能量转换效率 η_{abs}，载流子利用率 η_{cu}，STH(η_{STH})和修正的 STH(η'_{STH})

	$\eta_{abs}(\%)$	$\eta_{cu}(\%)$	$\eta_{STH}(\%)$	$\eta'_{STH}(\%)$
$AgBiP_2Se_6$ (PE)	26.04	25.59	6.66	——
$AgBiP_2Se_6$ (FE)	23.12	44.40	10.27	10.04
$CuBiP_2Se_6$ (PE)	31.93	23.64	7.55	——
$CuBiP_2Se_6$ (FE)	27.58	30.15	8.32	8.06
$CuInP_2S_6$ (PE)	16.84	42.12	7.09	——
$CuInP_2S_6$ (FE)	10.78	39.62	4.27	4.21
$AgBiP_2S_6$ (PE)	4.20	35.76	1.5	——
$AgBiP_2S_6$ (FE)	2.78	34.56	0.96	0.96

11.3.4 水分子吸附

然后,笔者评估了铁电-顺电相转变对光催化分解水能力的影响。作为第一步也是关键一步,笔者将研究铁电相和顺电相的 $AgBiP_2Se_6$ 单分子层对水分子的吸附行为,并对它们进行比较。对于顺电相的 $AgBiP_2Se_6$ 单层膜,由于两面相同,所以笔者只研究了一个表面(标记为 PF-H_2O)。对于铁电相的 $AgBiP_2Se_6$ 单层膜,笔者分别研究了其上表面和下表面对水分子的吸附行为(分别标记为 FE(top)-H_2O 和 FE(bottom)-H_2O)。如图 11.6 所示,笔者考虑了多个水分子的吸附位点来探索最稳定的吸附构型。通过几何优化,笔者确定了 $AgBiP_2Se_6$ 单分子层上能量稳定的 H_2O 吸附构型。在顺电相的 $AgBiP_2Se_6$ 单层表面上,被吸附的水分子的 O 原子位于六边形晶格中心上方,H 和 Se 层的垂直距离约为 1.97 Å。在 FE 相的 $AgBiP_2Se_6$ 单层的顶表面,水分子的 O 原子保持在 Ag 原子之上,H 和 Se 层距离为 2.27 Å,而在底表面上,水分子的 O 原子位于 Bi 原子之上,H 和 Se 层之间的垂直距离为 2.01 Å。为了估算水分子与 $AgBiP_2Se_6$ 单分子层之间的相互作用强度,笔者定义了吸附能(E_{ads}),其计算公式如下:

$$E_{ads} = E_{total} - E_{layer} - E_{H_2O} \tag{11.5}$$

其中 E_{total} 是整个水吸附体系的总能量,E_{layer} 对应纯的 $AgBiP_2Se_6$ 单分子层的能量,E_{H_2O} 是孤立的水分子的能量。笔者发现三种情况下的 E_{ads} 值都是负的，并且顺序是 $E_{ads(FE(top)-H_2O)}$（-0.448 eV）$>E_{ads(PE-H_2O)}$（-0.466 eV）$>$ $E_{ads(FE(bottom)-H_2O)}$（-0.480 eV）。

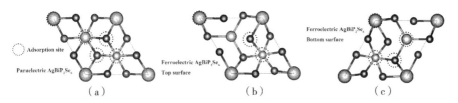

图 11.6 虚线圈表示为顺电(a)和铁电(b)、(c) $AgBiP_2Se_6$ 上、下表面处的水分子吸附位点

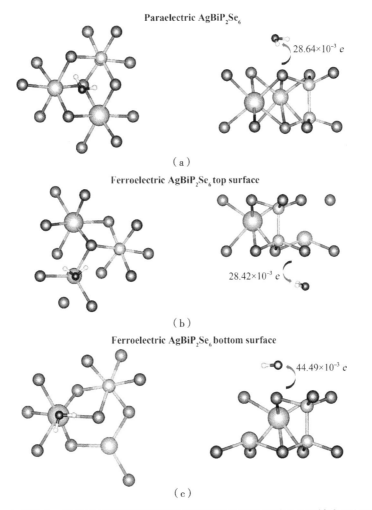

图 11.7 $AgBiP_2Se_6$ 单分子层的顶(左)面和底(右)面分别为顺电(a)和铁电(b)面和铁电(c)面 H_2O 最稳定的吸附结构的上(左)和侧(右)面

通常,吸附分子可以通过电荷转移来稳定。根据 Bader 分析,如图 11.7 所示,笔者发现 $AgBiP_2Se_6$ 单分子层向被吸附水分子转移的电子总数分别为 28.42×10^{-3} e、28.64×10^{-3} e 和 44.49×10^{-3} e。电子在铁电相 $AgBiP_2Se_6$ 单层的两个表面上转移的差异是由上下表面的电位差导致的。如图 11.5(b) 所示,由于内建电场的作用,底表面的电势比顶表面的电势低,所以底表面的电子更容易转移到被吸附的水分子上,电子转移的结果也反过来证实了在铁电相 $AgBiP_2Se_6$ 单层中的内建电场方向的正确性。

11.3.5 氧化还原机理

为了探究铁电-顺电转变对 $AgBiP_2Se_6$ 单分子层光生电子和空穴驱动力的影响,最后笔者分别系统地研究了在顺电相和铁电相相下水氧化和氢还原的机理。

如图 11.8(a) 和图 11.9(a) 所示,水氧化半反应遵循四电子(4e)反应路径,中间产物为 OH^*、O^* 和 OOH^*。图 11.8(c) 和图 11.9(c) 分别总结了顺电相和铁电相的 $AgBiP_2Se_6$ 单层膜上发生水氧化反应所对应的自由能变化曲线,图中黑线表示没有任何额外电压($U = 0$ V)的情况,以模拟没有任何光照射的情况。吸附在顺电相 $AgBiP_2Se_6$ 表面的水分子第一步,释放一个电子和一个质子后,转化为 OH^*,ΔG 为 1.19 eV;第二步,OH^* 在释放一个电子和一个质子后,被氧化为 O^*,ΔG 为 0.02 eV;第三步,O^* 与另一个水分子结合,释放一个电子和一个质子后,被氧化为 OOH^*,ΔG 为 2.12 eV,这是水氧化半反应中最大的自由能变化。最后,OOH^* 会自发释放出一个游离的 O_2 分子,一个质子和一个电子,释放出 0.07 eV 的热量。铁电相 $AgBiP_2Se_6$ 顶表面的水氧化半反应与顺电相相类似,但反应势垒不同。以上四步骤的 ΔG 分别为 1.24 eV、-0.07 eV、2.17 eV 和 -0.08 eV。对于这两个相,在没有光照的情况下,水氧化半反应在 $AgBiP_2Se_6$ 单分子膜表面无法自发发生。

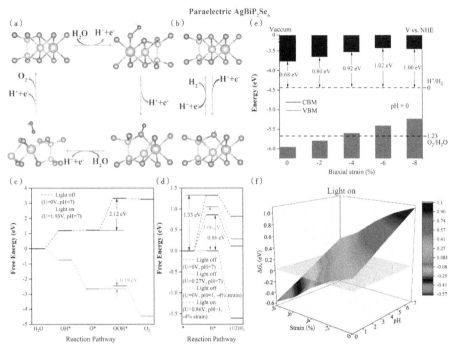

图 11.8　在顺电相 $AgBiP_2Se_6$ 单分子层上，光催化水氧化(a)和氢还原(b)半反应中能量最稳定的中间产物(OH^*、O^*、OOH^* 和 H^*)；不同条件下，顺电 $AgBiP_2Se_6$ 单分子层上(c)光催化水氧化半反应和(d)光催化氢还原半反应的自由能图；不同双轴压缩应变单层 $AgBiP_2Se_6$ 下的 CBM 和 VBM(e)；在不同的双轴压缩应变和 pH 下顺电相 $AgBiP_2Se_6$ 单层的 ΔG_e 值(f)；灰色水平面区域显示的是最佳反应窗口(25 meV)

　　如图 11.8(c)和图 11.9(c)所示，当 $AgBiP_2Se_6$ 单层膜在光照下，光产生的空穴将提供一个额外电压(顺电相和铁电相 $AgBiP_2Se_6$ 单层膜的 U 分别为 1.93 V 和 2.70 V)。值得注意的是，在铁电相的情况下，所有的步骤都是下坡的，这表明在光照条件下 $AgBiP_2Se_6$ 单分子层在中性水溶液环境中，可以催化水氧化反应自发进行。更值得注意的是，在光照条件下，铁电相 $AgBiP_2Se_6$ 即使在酸性($3 \leqslant pH < 7$)环境中也能自发地将水氧化为氧气，这对于大多数现有的光电催化剂来说都是不可能的，因为它们在酸性环境中不稳定，且需要很高的过电位才能驱动水氧化反应[62]。对于顺电相，第三步是上坡的($\Delta G = 0.19$ eV)，表明 O^* 不能自发转化为 OOH^*；也就是说，即使在光的照射下也不能实现水氧化反应自发进行。因此，铁电-顺电相变可以调节 $AgBiP_2Se_6$ 单层膜对光生空穴对水氧化反应的驱动力。另外，铁电相 $AgBiP_2Se_6$ 单分子层也被证实是一种性能优异的 OER 光催化剂。

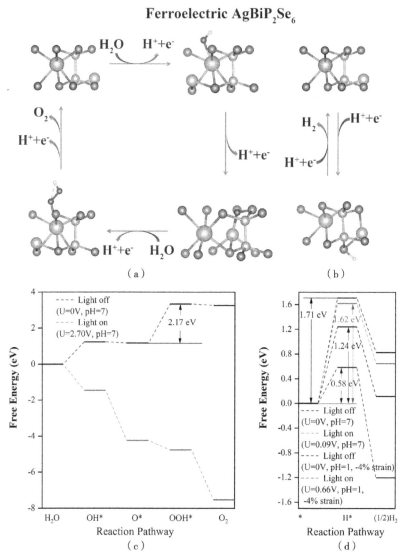

图 11.9　在铁电相 AgBiP$_2$Se$_6$ 单分子层上，光催化水氧化（a）和氢还原（b）半反应中能量最稳定的反应中间产物（OH*、O*、OOH* 和 H*）；不同条件下，铁电相 AgBiP$_2$Se$_6$ 单分子层上（c）光催化水氧化半反应和（d）光催化氢还原半反应的吉布斯自由能曲线图

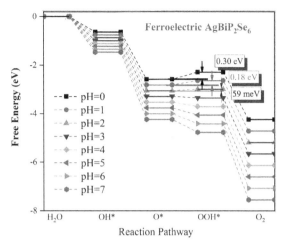

图 11.10　光照条件不同 pH 值 OER 在 AgBiP₂Se₆ 铁电单层膜上的吉布斯自由能变化

对于氢还原反应,如图 11.8(b)和图 11.9(b)所示,只有两个步骤。如图 11.8 所示,在无光照射($U=0$ V)的情况下,首先,顺电相 AgBiP₂Se₆ 单分子层与一个质子和一个电子结合形成 H^*,ΔG 为 1.33 eV,接下来,H^* 继续结合一个质子和一个电子,释放出一个 H_2 分子,其放出的热量为 0.54 eV。对于铁电相 AgBiP₂Se₆,氢还原半反应过程相似,但反应势垒不同。两步的 ΔG 分别为 1.71 eV 和 -0.88 eV,表明在铁电相上发生 HER 较困难。在光生电子提供的额外电位下(顺电相和铁电相 AgBiP₂Se₆ 单层膜的 U 分别为 0.27 V 和 0.09 V),这两种相上,第一步加氢反应的自由能变化都是正的,但是势垒明显减小了。在 pH=7 时,AgBiP₂Se₆ 铁电相的势垒为 1.62 eV,是顺电相的 1.5 倍多(pH=7 时为 1.06 eV),这表明,虽然势垒仍然很高,但在顺电相上发生 HER,相对更容易一些。一般来说,HER 更倾向于在酸性环境下反应。当考虑 pH 因素时,降低 pH 值,反应势垒可以线性降低,而且根据公式 11.3,U_e 的值会增加,从而使得克服氢还原反应势垒成为可能(图 11.10)。以 pH=0 为例,反应势垒可显著降低至 0.24 eV(顺电相)和 0.80 eV(铁电相)。为了进一步降低势垒,笔者应用双轴压缩应变,这已被证明是一种有效和可行的方法来调节催化活性[63-65]。如图 11.11 所示,随着双轴压缩应变的增加,生成 H^* 所需的自由能降低;在顺电相 AgBiP₂Se₆ 单层上的 HER,可以看到 ΔG_e 的值显著降低。同时,如图 11.8 所示,由于 CBM 的增加,双轴压缩压力也可以提高 U_e 的值,因此,在光照条件下,ΔG_e 的值随着 pH 的减少和双向压缩压力的增加而明显下降。而且令人满意的是,笔者将 25 meV 设置为最佳反应势垒(灰色平面)[64],平面内有一个很大的区域,这意味着压缩的顺电相 $AgBiP_2Se_6$ 单层可以在酸环境中具有很高的产氢活性。笔者以 pH=1 和 -4% 的双轴压缩应变为例,比较相同条件下顺电相和铁电相 $AgBiP_2Se_6$ 单分子层之间的 HER 反应势垒的差异。如图 11.8(d) 和图 11.9(d) 所示,在光照下,顺电相 $AgBiP_2Se_6$ 单层的反应势垒约达到 0 eV,而铁电相的反应势垒高达 0.58 eV,这证明铁电-顺电相变也可以调整 $AgBiP_2Se_6$ 单层的光生电子对氢还原反应的驱动力。

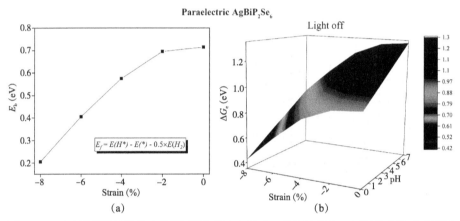

图 11.11　(a)不同双轴压缩应变下,顺电相 $AgBiP_2Se_6$ 单分子层上 H^* 的形成能;(b)不同 pH 和双轴压缩应变下,无光照下,顺电相 $AgBiP_2Se_6$ 单分子层的 ΔG_{H^*}

11.4　结论

综上所述,笔者从理论上探讨了铁电-顺电相变对 $AgBiP_2Se_6$ 单分子层光催化分解水性能的影响,通过系统的 DFT 计算,分析了铁电相和顺电相在结构、电子性质和光学特性上的差异。根据笔者的计算,铁电-顺电相变可以调节 $AgBiP_2Se_6$ 单层光生载流子的激子结合能、氧化还原能力和驱动力。具体来说,(Ⅰ)顺电相具有较强的还原性,而铁电相具有较高的氧化性;(Ⅱ)铁电相 $AgBiP_2Se_6$ 单层膜的光生空穴对水氧化反应的驱动力比顺电相强,而顺电相 $AgBiP_2Se_6$ 单层膜的光生电子对氢还原反应的驱动力比铁电相强;(Ⅲ)铁电相比顺电相具有更大的激子结合能。本研究的结果表明,铁电-顺电相变是调节二维铁电材料光催化性能的一种有效途径。

参考文献

[1] LIU Y L,WU J M. Synergistically catalytic activities of $BiFeO_3/TiO_2$ core-shell nanocomposites for degradation of organic dye molecule through piezophototronic effect[J]. Nano energy,2019,56:74.

[2] CHEN S,MA G,WANG Q,et al. Metal selenide photocatalysts for visible-light-driven Z-scheme pure water splitting[J]. Journal of Materials Chemistry A,2019,7(13):7415.

[3] LINFENG,PAN,JIN,et al. Boosting the performance of Cu_2O photocathodes for unassisted solar water splitting devices[J]. Nature catalysis,2018,1(6):412.

[4] FUJISHIMA A,HONDA K. Electrochemical Photolysis of Water at a Semiconductor Electrode[J]. Nature,1972,238(5358):37.

[5] JENNY,SCHNEIDER,DETLEF,et al. Understanding TiO_2 Photocatalysis: Mechanisms and Materials [J]. Chemical Reviews, 2014, 114:9919.

[6] PARK T Y,CHOI Y S,KIM S M,et al. Electroluminescence emission from light-emitting diode of p-ZnO/(InGaN/GaN)multiquantum well/ n-GaN[J]. Applied Physics Letters,2011,98:251111.

[7] CARDONA M. Optical Properties and Band Structure of $SrTiO_3$ and $BaTiO_3$[J]. Physical Review,1965,140:A651.

[8] KUDO A. Heterogeneous photocatalyst materials for water splitting [J]. Catalysis Surveys from Asia,2009,38:253.

[9] JU L,DAI Y,WEI W,et al. Potential of one-dimensional blue phosphorene nanotubes as a water splitting photocatalyst[J]. Journal of Materials Chemistry A,2018,6:21087.

[10] MENG R,SUN X,YANG D,et al. Two dimensional XAs(X = Si,Ge, Sn)monolayers as promising photocatalysts for water splitting hydrogen production with high carrier mobility[J]. Applied Materials Today,2018,13:276.

[11] YUJIN, DONG, HUILONG, et al. Monolayer graphitic germanium carbide(g-GeC): the promising cathode catalyst for fuel cell and lithium-oxygen battery applications[J]. Journal of Materials Chemistry A, 2018, 6:2212.

[12] QIAO, MAN, CHEN, et al. The germanium telluride monolayer: a two dimensional semiconductor with high carrier mobility for photocatalytic water splitting[J]. Journal of Materials Chemistry A, 2018, 6:4119.

[13] YULIANG, MAO, et al. Edge-doping effects on the electronic and magnetic properties of zigzag germanium selenide nanoribbon[J]. Applied Surface Science, 2019, 464:236.

[14] FANG Q, ZHAO X, HUANG Y H, et al. Interfacial electronic states and self-formed p-n junctions in hydrogenated MoS_2/SiC heterostructure[J]. Journal of Materials Chemistry C, 2018, 6:4523.

[15] KUMAR R, DAS D, SINGH A K. C_2N/WS_2 van der Waals type-II heterostructure as a promising water splitting photocatalyst[J]. Journal of Catalysis, 2018, 359, 143−150.

[16] FAN Y, MA X, LIU X, et al. Theoretical design of InSe/GaTe VDW heterobilayer: A potential visible-light photocatalyst for water splitting [J]. The Journal of Physical Chemistry C, 2018, 122:27803.

[17] PEI Z, MA Y, LV X, et al. Two-dimensional III_2-VI_3 materials: Promising photocatalysts for overall water splitting under infrared light spectrum[J]. Nano Energy, 2018, 51:533−538.

[18] MA, XIANGCHAO, WU, et al. A Janus MoSSe monolayer: a potential wide solar-spectrum water-splitting photocatalyst with a low carrier recombination rate[J]. Journal of Materials Chemistry A, 2018, 6:2295−2301.

[19] LIU Y, ZENG X, HU X, et al. Two-dimensional g-C_3N_4/TiO_2 Nanocomposites as Vertical Z-scheme Heterojunction for Improved Photocatalytic Water Disinfection[J]. Catalysis Today, 2019, 335:243−251.

[20] A CAO, L ZHANG, Y WANG, et al. 2D-2D Heterostructured UNi-MOF/g-C_3N_4 for Enhanced Photocatalytic H_2 Production under Visible-Light Irradiation[J]. ACS Sustainable Chemistry & Engineering,

2018,7:2492.

[21] ZHAO H,WANG W,ZHANG H,et al. Potassium-Ion-Assisted Regeneration of Active Cyano Groups in Carbon Nitride Nanoribbons: Visible-Light-Driven Photocatalytic Nitrogen Reduction[J]. Angewandte Chemie International Edition,2019,58(46):16644.

[22] TAN B,YE X,LI Y,et al. Defective Anatase TiO_{2-x} Mesocrystal Growth In Situ on g-C_3N_4 Nanosheets: Construction of 3D/2D Z-Scheme Heterostructures for Highly Efficient Visible-Light Photocatalysis[J]. Chemistry-A European Journal,2018,24(50):13311.

[23] JING Y,MA Y,WANG Y,et al. Ultrathin Layers of PdPX(X=S,Se): Two Dimensional Semiconductors for Photocatalytic Water Splitting [J]. Chemistry - A European Journal,2017,23(55):13612.

[24] JING Y,HEINE T. Two-dimensional $Pd_3P_2S_8$ semiconductors as photocatalysts for the solar-driven oxygen evolution reaction: a theoretical investigation[J]. Journal of Materials Chemistry A,2018,6:23495.

[25] JU L,DAI Y,WEI W,et al. Theoretical study on the photocatalytic properties of graphene oxide with single Au atom adsorption[J]. Surface Science,2018,669:71.

[26] CUI J,YING D,WEI W,et al. Effects of single metal atom(Pt,Pd,Rh and Ru)adsorption on the photocatalytic properties of anatase TiO_2 [J]. Applied Surface Science,2017,426: 639.

[27] ZHU Z,YIN H,HE C T,et al. Ultrathin Transition Metal Dichalcogenide/3d Metal Hydroxide Hybridized Nanosheets to Enhance Hydrogen Evolution Activity[J]. Advanced Materials,2018,30:e1801171.

[28] YUHANG,QI,QUN,et al. CO_2-Induced Phase Engineering:Protocol for Enhanced Photoelectrocatalytic Performance of 2D MoS_2 Nanosheets[J]. ACS Nano,2016,10: 2903.

[29] LIU B,WANG Y,PENG H Q,et al. Iron Vacancies Induced Bifunctionality in Ultrathin Feroxyhyte Nanosheets for Overall Water Splitting[J]. Advanced Materials,2018:e1803144.

[30] XIN H,HAI L,ZHU Z,et al. Strain engineering in monolayer WS_2, MoS_2, and the WS_2/MoS_2 heterostructure[J]. Applied Physics Let-

ters,2016,109:173105.

[31] LIN,DAI,YING,et al. One-dimensional cadmium sulphide nanotubes for photocatalytic water splitting[J]. Physical Chemistry Chemical Physics,2018,20:1904.

[32] DI G,TAO X,Chen H,et al. Enhanced photocatalytic activity for water splitting of blue-phase GeS and GeSe monolayers via biaxial straining[J]. Nanoscale,2019,11:2335.

[33] JU L,DAI Y,WEI W,et al. DFT investigation on two-dimensional GeS/WS$_2$ van der Waals heterostructure for direct Z-scheme photocatalytic overall water splitting [J]. Applied Surface Science, 2018, 434:365.

[34] YANG H,MA Y,ZHANG S,et al. GeSe@SnS:stacked Janus structures for overall water splitting[J]. Journal of Materials Chemistry A, 2019,7:12060.

[35] ALEXE M,ZIESE M,HESSE D,et al. Ferroelectric Switching in Multiferroic Magnetite(Fe$_3$O$_4$)Thin Films[J]. Advanced Materials,2009, 21:4452.

[36] SANTE D. D,STROPPA A,JAIN P,et al. Tuning the ferroelectric polarization in a multiferroic metal-organic framework. [J]. Journal of the American Chemical Society,2013,135:18126.

[37] RINALDI C,VAROTTO S,ASA M,et al. Ferroelectric Control of the Spin Texture in GeTe[J]. Nano Letters,2018,18:2751.

[38] STROPPA A,SANTE D D,BARONE P,et al. Tunable ferroelectric polarization and its interplay with spin-orbit coupling in tin iodide perovskites[J]. Nature Communications,2014,5:5900.

[39] JAIN P,STROPPA A,NABOK D,et al. Switchable electric polarization and ferroelectric domains in a metal-organic-framework[J]. Npj Quantum Materials,2016,1:16012.

[40] LI X,LI Z,YANG J. Proposed photosynthesis method for producing hydrogen from dissociated water molecules using incident near-infrared light[J]. Physical Review Letters,2014,112(1):018301.

[41] SUN Z Z,XUN W,JIANG L,et al. Strain engineering to facilitate the

occurrence of 2D ferroelectricity in CuInP$_2$S$_6$ monolayer[J]. Journal of Physics D:Applied Physics,2019,52:465302.

[42] QI J,WANG H,CHEN X,et al. Two-Dimensional Multiferroic Semi-conductors with Coexisting Ferroelectricity and Ferromagnetism[J]. Applied Physics Letters,2018,113:043102.

[43] G KRESSE,J FURTHMULLER. Efficient Iterative Schemes For Ab Initio Total-Energy Calculations Using A Plane-Wave Basis Set[J]. Physical Review B,1996,54:11169.

[44] A G K,J. FURTHMÜLLER B. Efficiency of ab-initio total energy calculations for metals and semiconductors using a plane-wave basis set [J]. Computational Materials Science,1996,6:15—50.

[45] BLOCHL P E. Projector augmented-wave method[J]. Physical Review B,1994,50:17953.

[46] KRESSE G,JOUBERT D. From ultrasoft pseudopotentials to the projector augmented-wave method [J]. Physical Review B, 1999, 59 (3):1758.

[47] PERDEW J P,BURKE K,ERNZERHOF M. Generalized Gradient Approximation Made Simple [J]. Physical Review Letters, 1998, 77 (18):3865.

[48] HEYD J,SCUSERIA G E,ERNZERHOF M. Hybrid functionals based on a screened Coulomb potential[J]. The Journal of Chemical Physics, 2006,124:8207.

[49] GRIMME S. Semiempirical GGA-type density functional constructed with a long-range dispersion correction[J]. Journal of Computational Chemistry,2010,27(15):1787.

[50] MAO X,KOUR G,ZHANG L,et al. Silicon-Doped Graphene Edge:An Efficient Metal-Free Catalyst for the Reduction of CO$_2$ into Methanol and Ethanol[J]. Catalysis Science & Technology,2019,9(23):6800.

[51] MATHEW K, SUNDARARAMAN R, LETCHWORTH-WEAVER K,et al. Implicit solvation model for density-functional study of nanocrystal surfaces and reaction pathways[J]. Journal of Chemical Physics,2014,140(8):9519.

[52] ZHANG C,NIE Y,AIJUN D U,et al. Intrinsic Ultrahigh Negative Poisson's Ratio in Two-Dimensional Ferroelectric ABP_2X_6 Materials [J]. Acta Physico-Chimica Sinica,2019,35:1128.

[53] JU L,SHANG J,TANG X,et al. Tunable Photocatalytic Water Splitting by the Ferroelectric Switch in a 2D $AgBiP_2Se_6$ Monolayer[J]. Journal of the American Chemical Society,2020,142(3):1492.

[54] XU B,XIANG H,XIA Y,et al. Monolayer $AgBiP_2Se_6$:an atomically thin ferroelectric semiconductor with out-plane polarization [J]. Nanoscale,2017,9:8427.

[55] NEUGEBAUER J,SCHEFFLER M. Adsorbate-substrate and adsorbate-adsorbate interactions of Na and K adlayers on Al(111)[J]. Physical Review B:Condensed Matter,1992,46(24):16067.

[56] CHOI J H,CUI P,LAN H,et al. Linear Scaling of the Exciton Binding Energy versus the Band Gap of Two-Dimensional Materials[J]. Physical Review Letters,2015,115(6):066403.

[57] JIANG Z,LIU Z,LI Y,et al. Scaling Universality between Band Gap and Exciton Binding Energy of Two-Dimensional Semiconductors[J]. Physical Review Letters,2017,118:266401.

[58] MAN,QIAO,JIE,et al. $PdSeO_3$ Monolayer:Promising Inorganic 2D Photocatalyst for Direct Overall Water Splitting Without Using Sacrificial Reagents and Cocatalysts. [J]. Journal of the American Chemical Society,2018,140:12256.

[59] C,F,LUO,et al. Two-dimensional van der Waals nanocomposites as Z-scheme type photocatalysts for hydrogen production from overall water splitting[J]. Journal of Materials Chemistry A,2016,4:18892.

[60] CHEN S,WANG L W. Thermodynamic Oxidation and Reduction Potentials of Photocatalytic Semiconductors in Aqueous Solution[J]. Chemistry of Materials,2012,24(18):1658.

[61] CEN-FENG,SUN,JIUYU,et al. Intrinsic Electric Fields in Two-dimensional Materials Boost the Solar-to-Hydrogen Efficiency for Photocatalytic Water Splitting[J]. Nano Letters,2018,18:6312.

[62] MOHAMMED-IBRAHIM JAMESH,SUN X. Recent progress on

earth abundant electrocatalysts for oxygen evolution reaction(OER) in alkaline medium to achieve efficient water splitting-A review[J]. Journal of Power Sources,2018,400:31.

[63] XUE X,ZANG W,DENG P,et al. Piezo-potential enhanced photocatalytic degradation of organic dye using ZnO nanowires[J]. Nano Energy,2015,13:414.

[64] ER D,HAN Y,FREY N C,et al. Prediction of Enhanced Catalytic Activity for Hydrogen Evolution Reaction in Janus Transition Metal Dichalcogenides[J]. Nano Letters,2018,18(6):3943.

[65] FENG H,XU Z,WANG L,et al,Modulation of Photocatalytic Properties by Strain in 2D BiOBr Nanosheets[J]. ACS Applied Materials & Interfaces,2015,7(50):27592.

附录 符号表

2D	Two dimensional	二维
Å	Angstrom	埃(长度单位)
BGC	Band gap center	带隙中心
CBM	Conduction band minimum	导带底
CDD	Charge density difference	差分电荷密度
CSNT	CdS nanotube	CdS 纳米管
CSNTP	CdS nanotube-planar	CdS 异维结
DFT	Density functional theory	密度泛函理论
e	Electron charge	电子电荷
E_g	Band gap	带隙
eV	Electron voltage	电子伏(能量单位)
GGA	Generalized gradient approximations	广义梯度近似
GO	Graphene oxide	氧化石墨烯
$\hbar$	Reduced Planck constant	约化普朗克常数
HER	Hydrogen evolution reaction	析氢反应
HSE	Heyd-Scuseria-Ernzerhof	杂化泛函
K_B	Boltzmann constant	波尔兹曼常数
LDA	Local density approximation	局域密度近似
m_e	Electron effective mass	电子有效质量
m_h	Hole effective mass	空穴有效质量
nm	Nanometer	纳米(长度单位)
OER	Oxygen evolution reaction	析氧反应
PAW	Projector augmented wave	投影缀加平面波
PBE	Perdew-Burke-Emerhof	(一种泛函形式)
PDOS	Projected density of states	部分态密度
PW91	Perdew—Wang91	(一种泛函形式)
SACs	Single atom catalysts	单原子催化
SHE	Standard hydrogen electrode	标准氢电极
STH	Solar-to-hydrogen	太阳能转换成氢能
T_c	Curie temperature	居里温度
TDOS	Total Density of states	总态密度
TMD	Transition metaldichalcogenides	过渡金属硫化合物
VASP	Vienna Ab-initio Simulation Package	VASP 程序包(计算软件)
VBM	Valence band maximum	价带顶
vdW	van der Waals	范德瓦尔斯